地基与基础基本训练

沈 毅 杨 敏 主编

科学技术文献出版社
SCIENTIFIC AND TECHNICAL DOCUMENTATION PRESS
·北京·

图书在版编目（CIP）数据

地基与基础基本训练 / 沈毅，杨敏主编. —北京：科学技术文献出版社，2018.8
ISBN 978-7-5189-4697-6

Ⅰ.①地…　Ⅱ.①沈…　②杨…　Ⅲ.①地基—高等职业教育—教材　②基础（工程）—高等职业教育—教材　Ⅳ.①TU47

中国版本图书馆 CIP 数据核字（2018）第 160288 号

地基与基础基本训练

策划编辑：孙江莉　　　责任编辑：廖晓莹　　　责任校对：文　浩　　　责任出版：张志平

出　版　者	科学技术文献出版社	
地　　　址	北京市复兴路15号　邮编 100038	
编　务　部	（010）58882938，58882087（传真）	
发　行　部	（010）58882868，58882870（传真）	
邮　购　部	（010）58882873	
官方网址	www.stdp.com.cn	
发　行　者	科学技术文献出版社发行　全国各地新华书店经销	
印　刷　者	北京虎彩文化传播有限公司	
版　　　次	2018 年 8 月第 1 版　2018 年 8 月第 1 次印刷	
开　　　本	787×1092　1/16	
字　　　数	147千	
印　　　张	6.75	
书　　　号	ISBN 978-7-5189-4697-6	
定　　　价	38.00元	

前　言

　　本教材是根据高职高专"建筑工程技术专业"职业教育的发展需要，以培养高质量建设类高等技术应用型人才为目的，以专业人才培养目标对"地基基础"课程的基本教学要求，作为课程配套使用的实训教材，按照"必需、够用"的原则编写而成。

　　全书共分为4章，主要包括识读岩土工程勘察报告、地基验槽、柱下低桩承台基础、基础施工图识读。教材依据我国现行的《建筑地基基础设计规范》（GB 50007—2011）、《建筑桩基技术规范》（JGJ 94—2008）、《岩土工程勘察规范》（GB 50021—2001，2009 年版）、《混凝土结构施工图平面整体表示方法制图规则和构造详图》（独立基础、条形基础、筏形基础及桩基承台）（16G101—3）及其他相应的标准编写。本书注重反映基础工程的基本概念和基本理论，简明扼要，通俗易懂。通过案例训练，培养学生胜任建筑施工与管理岗位的岩土工程勘察报告识读能力、解决基础工程问题的能力。为适应学生职业生涯发展的需要，本书能做到紧贴工程实际及职业岗位群，体现知识与能力的结合，力求反映职业教育的教材特点。

　　本书由浙江建设职业技术学院沈毅及贵州水利水电职业技术学院杨敏主编。各章编写人员如下：第一章由浙江建设职业技术学院金怡编写；第二章由浙江建设职业技术学院余伯增和浙江省一建建设集团有限公司俞宏编写；第三、第四章由浙江建设职业技术学院沈毅编写。

　　本书由浙江建设职业技术学院沈克仁主审。本书在编写过程中参阅了一些公开出版的文献资料，谨向这些文献的作者致以诚挚的谢意。

　　本教材可作为建筑工程技术、工程监理、地下隧道工程等相关专业的教材，也可供相关现场工程技术人员参考使用。

　　由于时间仓促，编者水平有限，书中难免有不妥之处，恳请广大读者批评指正。

编　者

2016 年 11 月

目　　录

第一章

识读岩土工程勘察报告

【知识目标】

（1）了解岩土工程勘察任务及勘察方法。

（2）掌握岩土工程勘察报告的内容。

【能力目标】

（1）能正确阅读岩土工程勘察报告。

（2）能正确运用岩土工程勘察报告的成果。

岩土工程勘察是指根据建设工程的要求，查明、分析、评价建设场地的地质、环境特征和岩土工程条件，编制勘察文件的活动。它不但为设计提供必要的、正确可靠的依据，而且还可以根据勘察资料对地基基础设计和施工中存在的或可能出现的问题进行探讨、论证和分析，并提出解决问题的措施和建议。只有勘察、设计和施工密切配合，协调一致，才会有高质量、高水平的地基基础工程。

1.1　岩土工程勘察报告

1.1.1　勘察任务

建筑场地和地基的岩土工程勘察是一项综合性的地质调查工作。勘察工作的任务是查明情况、提供数据、分析评价和提出处理建议，以保证工程安全，提高投资效益。

基本任务包括以下几点。

（1）查明有无影响建筑场地稳定性的不良地质条件及其危害程度。

（2）探明建筑物范围内地层结构及其均匀性，以及测定各岩土层的物理力学性质。

（3）探明地下水埋藏情况、类型和水位变化幅度及规律，以及对建筑材料的腐蚀性。

（4）在抗震设防区应划分场地土类型和场地类别，并对饱和砂土和粉土进行液化判别。

（5）对可供采用的地基基础设计方案进行论证分析，提出经济合理的设计方案建议；提供与设计要求相对应的地基承载力及变形计算参数，并对设计与施工应注意的问题提出建议。

（6）当工程需要时，还应包括：

①深基坑开挖的边坡稳定计算和支护设计所需的岩土技术参数，论证其对周围已有建筑物和地下设施的影响；

②基坑施工降水的有关技术参数及对施工降水方法的建议；

③提供用于计算地下水浮力的设计水位。

（7）基槽开挖结束后，建筑物地基均应进行施工验槽。如地基条件与原勘察报告不符时，应进行施工勘察。

1.1.2　勘察方法

为查明场地的工程地质条件，分析其存在的工程地质问题，需要采取一系列的勘察方法。一般包括工程地质测绘和调查、勘探和取样、工程地质测试、现场检验和监测，以及勘察资料的整理。

1.1.2.1　工程地质测绘和调查

地质测绘和调查实质上是运用工程地质学理论对地面地质体和地质现象进行观察描述，根据野外调查测绘结果在地形图上填绘测区工程地质条件的主要因素，并绘制相应的工程地质图件，为确定勘探、测试工作与评价提供依据。

测绘与调查的范围，应包括场地及其附近地段。其内容宜包括查明地形、地貌特征；岩土性质、成因、年代、厚度和分布；不良地质现象（岩溶、土洞、滑坡等）的形成与分布等。

地质测绘和调查宜在可行性研究或初步勘察阶段进行。在可行性研究阶段搜集资料时，宜包括航空图像、卫星图像的解释结果。在详细勘察阶段可对某些专门地质问题做补充调查。

1.1.2.2　勘探和取样

勘探是岩土工程勘察的一种手段，包括钻探、井探、槽探、坑探、洞探，以及地球物理勘探（简称物探）、触探等，用以查明岩土层的性质和分布。

（1）直接勘探：如井探、槽探、坑探、洞探。人可以进入其中直接观察岩土层的状况。

（2）半直接勘探：包括各种钻探，只能根据岩芯（由钻头取出的地层样品）间接判断岩土层的状况。钻探根据钻进方式的不同分为回转钻探、冲击钻探、振动钻探和冲洗钻探4种。

（3）间接勘探：包括各类触探和地球物理勘探。触探是根据某种形状的探头采用某种方式贯入地层过程中的阻力变化来判断地层。触探根据贯入方式不同分为静力触探和动力触探2类。静力触探是将圆锥形探头按一定速率匀速压入土中，测量其贯入阻力、锥头阻力和侧壁摩阻力的过程。动力触探包括标准贯入试验和圆锥动力触探试验2类。

物探是一种间接勘探方法，是利用特定仪器探测具有不同物理性质（如导电性、弹性、放射性和密度等）的地质体，了解地下深处地质体的状况。利用物探可以探查工程地质条件，测定岩土体的波速、动弹性模量、动剪切模量、卓越周期、电阻率、放射性辐射参数、对金属的腐蚀性。物探可为钻探和坑探的布置提供有效指导，减少钻探和坑探工作的盲目性。但物探对物理特性相近似的地质体灵敏度较差，常难以做出单一结论，因此，物探应以测绘为指导，并用钻探和坑探加以验证。

取样是岩土工程勘察中的一项重要工作，是室内试验研究必不可少的程序。取样包括岩土样的采取和水样的采取。岩土样的采取是为了获得岩土室内物理力学试验指标；水样的采取是为了查明地下水对建筑材料的腐蚀性，或在有其他特殊要求时进行水样化学分析。

1.1.2.3　工程地质测试

工程地质测试包括现场原位测试和室内试验，目的是测定岩土层的物理、力学及化学性质，获得设计计算所需参数。

原位测试是在岩土体所处的位置，基本保持岩土原来的结构、湿度和应力状态下，对岩土体进行的测试。原位测试有载荷试验、静力触探试验、圆锥动力触探试验、标准贯入试验、十字板剪切试验、旁压试验、扁铲侧胀试验、现场直接剪切试验、波速试验、激振法测试。原位测试由于样品尺寸大，更能反映岩土体实际，所得参数比较准确。

室内试验是将在野外钻探、井探、槽探中采取的试样在实验室进行试验。其设备简单，实验条件易建立，成本低，提交成果快。试验项目和方法应根据工程要求和岩土性质的特点确定。常规的项目有：土的物理性质试验、土的压缩—固结试验、土的抗剪强度试验、土的动力性质试验、岩石试验。但由于室内试验样品尺寸小，不能很全面地反映地质因素影响，而有些样品也很难取得原状岩土样，与实际所处的地质环境总是有些出入。

一般来说，原位测试获得的资料代表性优于室内试验，但影响原位测试成果的因素比较复杂，常需要几种试验进行对比，并和室内试验资料配合使用。

1.1.2.4　现场检验和监测

现场检验是在现场采用一定手段，对勘察成果或设计、施工措施的效果进行核查。现场监测是在现场对岩土性状和地下水的变化，岩土体和结构物的应力、位移进行系统监视和观察。

现场检验和监测应在工程施工期间或使用期内进行。目的是对岩土工程问题进行预测和定量评价进行核实验证，监测工程地质条件变化，以便及时预报，指导正确施工。监测工作对保证工程安全有重要作用，如建筑物变形监测、基坑工程的监测、边坡和洞室稳定的监测、滑坡监测等。

1.1.2.5　勘察资料的整理

勘察资料的整理包括岩土物理力学性质指标的整理、图件的编制、岩土工程分析评价和编写成果报告。

各种勘察方法所取得的资料仅是原始数据、单项成果，还缺乏相互印证和综合分析。只有通过对图件的编制和成果报告的编写，对存在的岩土工程问题做出定性和定量的评价，才能为工程的设计和施工提供地质依据。

1.1.3　岩土勘察报告的内容

岩土工程勘察报告是在勘察原始资料的基础上进行整理、统计、归纳、分析、评价，提出工程建议，形成系统的为工程建设服务的勘察技术文件。

岩土工程勘察报告应根据任务要求、勘察阶段、工程特点和地质条件等具体情况编写，通常由简要明确的文字报告部分、必要的图件部分和表格部分组成。

文字报告部分应包括下列基本内容。

（1）勘察目的、任务要求和依据的技术标准。

（2）拟建工程概况。

（3）勘察方法和勘察工作布置。

（4）场地地形、地貌、地层、地质构造、岩土性质及其均匀性。

（5）各项岩土性质指标，岩土的强度参数、变形参数、地基承载力的建议值。

（6）地下水埋藏情况、类型和水位变化幅度及规律。

（7）土和水对建筑材料的腐蚀性。

（8）在抗震设防区应划分场地类别，并对饱和砂土及粉土进行液化判别。

（9）对可供采用的地基基础设计方案进行论证分析，提出经济合理、技术先进的设计方案建议；提供与设计要求相对应的地基承载力及变形计算参数，并对设计与施工应注意的问题提出建议。

（10）当工程需要时，尚应提供深基坑开挖的边坡稳定计算和支护设计所需的岩土技术参数，论证其对周边环境的影响；基坑施工降水的有关技术参数及地下水控制方法的建议；

用于计算地下水浮力的设防水位。

必要的图件部分包括：勘探点平面布置图、工程地质剖面图、工程地质柱状图、静力触探曲线图或动力触探资料。

表格部分一般包括土工试验综合成果表、土物理力学性质指标设计参数表、地下水水质分析报告、工程建设场地抗震性能评价结论报告表。

以上 3 个部分通过有机的组合构成了完整的岩土工程勘察报告。它是建筑物地基与基础设计的依据，同时又是施工过程的重要指导性文件。

1.2　岩土工程勘察报告的阅读和使用

阅读岩土工程勘察报告时，应熟悉勘察报告主要内容，了解勘察结论，进而判断报告中的建议对拟建工程的适用性，做到正确使用勘察报告。在进行阅读的同时，应掌握一定的方法，并按一定的步骤和顺序进行，这样能达到事半功倍的效果。

1.2.1　文字报告部分

通过对勘察报告文字部分的阅读，可以了解拟建项目的工程概况、座标系统和高程系统、场地地基土分层分布情况、地下水类型及腐蚀性评价、地下水位及稳定水位的标高、岩土工程分析与评价、对场地做出的结论性评价及为设计和施工提出的建设性建议，使我们对整个拟建场地的工程地质条件有一个总体认识。

1.2.2　勘探点平面布置图

通过对勘探点平面布置图的阅读，可以从中了解：拟建建筑物在场地中所处的位置、拟建物与已建物的相关位置、拟建物的平面尺寸、勘探孔与拟建物位置关系、地质剖面图位置及编号。

通过图例还可了解到勘探孔数量、孔口高程、孔深、地下水位埋深及勘探的性质、场地的地形起伏特点等。

1.2.3　工程地质剖面图及工程地质柱状图

工程地质剖面图是将同一剖面剖切到的相邻勘探点的地层竖向分布组合起来，形成各土层沿深度、水平 2 个方向的分布图。图中注明钻孔编号、各地层层面的高程和深度、土层分界面、原位测试位置、原状土样的取样位置等。

工程地质柱状图主要反映了每一钻孔自上而下所表示的各土层的编号、名称、厚度及土性特征。

通过对工程地质剖面图和工程地质柱状图的联合阅读，能更好地建立拟建场地地基土的地下空间的分布情况，为施工开挖基槽起到良好的指导作用。

1.2.4 静力触探曲线图

静力触探试验的探头分为单桥探头和双桥探头。双桥静力触探试验曲线是在同一张图上绘制锥尖阻力 q_c、侧壁摩阻力 f_s 随着深度（纵坐标）的变化。曲线有实线和虚线之分：实线表示锥尖阻力 q_c，虚线表示侧壁摩阻力 f_s。阻力的大小表示土质的好坏：阻力越大，土质越好；阻力越小，土质越差。

1.2.5 土物理力学性质指标设计参数表

土物理力学性质指标设计参数表是根据拟建场地的取样勘探孔的试样，按不同种类和状态的分层顺序，将同一土层的若干个土试样的试验数据进行分析、统计后得出各土层的物理力学性指标汇总表。土物理力学性质指标是地基基础设计和施工的重要依据。

阅读参数表时还应着重查看土层承载力特征值，从承载力特征值大小可以初步判断该土质的好坏。设计浅基础时一般认为，承载力特征值 ≥180 kPa 的土可认为土质较好；<180 kPa 的土可认为土质较差。

1.3 岩土工程勘察报告实例

1.3.1 工程概况

拟建项目位于某市主干路边，东靠现状住宅小区。项目占地约 30 900 m²，总建筑面积约 92 000 m²，以高层建筑为主（设有 5 幢 25 层或 16 层高层建筑，1 幢 3 层建筑）；地下设一层整体地下室。设计提供 25 层建筑最大荷载标准值 9000 kN/柱，16 层建筑最大荷载标准值 6000 kN/柱，3 层建筑最大荷载标准值 2000 kN/柱。基础型式拟用桩基础。

受某市市政公用建设开发公司委托，某市勘测设计研究院承担该项目的岩土工程详细勘察工作（以下简称详勘）。

本工程重要性等级为二级工程，场地等级为二级场地（中等复杂场地），地基等级为二级地基（中等复杂地基）。本工程勘察按乙级勘察等级进行。

1.3.2 勘察方案编制依据

1.3.2.1 国家标准

(1)《岩土工程勘察规范》（GB 50021—2001，2009 年版）；
(2)《工程建设标准强制性条文：房屋建筑部分（2013 年版）》；
(3)《建筑抗震设计规范》（GB 50011—2010）；
(4)《中国地震动参数区划图》（GB 18306—2015）；
(5)《建筑地基基础设计规范》（GB 50007—2011）；

(6)《工程测量规范》(GB 50026—2015);

(7)《土工试验方法标准》(GB/T 50123—1999)。

1.3.2.2　行业标准

(1)《建筑岩土工程勘察基本术语标准》(JGJ 84—2015);

(2)《房屋建筑和市政基础设施工程勘察文件编制深度规定(2010年版)》;

(3)《建筑基坑支护技术规程》(JGJ 120—2012);

(4)《高层建筑岩土工程勘察规程》(JGJ 72—2017);

(5)《建筑桩基技术规范》(JGJ 94—2008);

(6)《建筑基坑工程技术规范》(YB 9258—97);

(7)《建筑工程地质钻探技术标准》(JGJ 87—92);

(8)《原状土取样技术标准》(JGJ 89—92)。

1.3.2.3　省级标准

(1)《工程建设岩土工程勘察规范》(DB33/T 1065—2009);

(2)《建筑地基基础设计规范》(DB33/T 1136—2017);

(3)《建筑基坑工程技术规程》(DB33/T 1008—2000);

(4)《岩土工程勘察文件编制标准》(DBJ 10—5—98)。

1.3.3　勘察目的、勘察要求、勘察方法及勘察工作量

1.3.3.1　勘察目的

本次勘察为详细勘察,主要目的是,通过勘察提出详细的岩土工程资料和设计、施工所需的岩土参数;对建筑地基做出岩土工程详细评价,并对地基类型、基础型式、地基处理、基坑支护、工程降水和不良地质作用的防治等提出详细建议。

1.3.3.2　勘察要求

(1)详细查明拟建场地地质构造、地层结构、岩土工程特性、地下水埋藏条件。

(2)测试地下水,详细查明地下水埋藏条件、评价地下水对工程的影响程度,详细提出可行的工程降水措施;详细查明拟建的建(构)筑物影响范围内土体的颗粒级配情况,对高水头作用下产生的流土、管涌的可能性做出详细评价,并提出详细防治建议。

(3)详细判断水和土对混凝土及钢筋混凝土结构中的钢筋的腐蚀性。

(4)查明场地不良地质作用的成因、分布、规模、发展趋势,并提出详细的防治建议。

(5)对场地和地基的地震效应、浅部土层地震液化性等做出详细评价。

(6)对基坑开挖与支护、工程降水方案进行详细的分析评价。

(7)对基础方案中基础形式与持力层选用提出详细建议,对在基础设计、施工中可能遇到的岩土工程问题进行详细分析并提出合理建议。

1.3.3.3　勘察方法

本次详勘外业采用各种勘察及测试手段，以获取第一手的岩土工程信息，主要采用全孔取芯钻探、双桥静力触探试验、标准贯入试验、圆锥动力触探试验、单孔剪切波速试验等测试手段。

室内试验除进行常规试验剪切以外，还有针对性地进行了部分特殊性试验，如三轴试验、渗透试验等，并进行水样水质简分析测试。

1.3.3.4　勘探点测放及坐标、高程测量依据

本次勘探点测放采用 RTK 测量系统进行放样及测量高程。坐标属某坐标系统，高程属85 国家高程系统。仪器采用天宝公司的 RTK 系统。

本次勘探点孔位采用 RTK 系统坐标放样与高程测量。坐标属于某市坐标系，高程属85 国家高程系统。在 RTK 系统中采用 CROS 差分系统结合 GPS 系统进行双系统定位，精度高、覆盖面广、可靠程度高，能满足本次详勘要求。

1.3.3.5　勘察工作量

根据拟建工程的特点、拟采用的基础型式、场地地质条件及设计要求，本次详勘共布置并完成钻孔 58 个。对于所取土样，主要进行常规测试（含水量、比重、重度、孔隙比、固结快剪、压缩、颗粒分析等试验），并进行特殊试验（三轴剪切试验、渗透试验等）。对于所取水样及土样，主要进行常规水质简分析测试；对于岩样，主要进行岩石饱和单轴抗压试验。

各勘探孔位置详见勘探点线平面位置图 1.1。各勘探点坐标、高程，详见勘探孔基本参数表（表 1.1）。完成勘察工作量详见表 1.2。利用勘察工作量详见表 1.3。

表 1.1　勘探孔基本参数

勘探孔孔号	勘探孔类型	孔位坐标		孔口高程（m）	孔深（m）
		x（m）	y（m）		
本次详勘实际完成勘探点					
Z01	圆锥动力触探试验孔	85 244.012	77 505.256	3.87	55.00
Z03	标准贯入试验孔	85 260.959	77 566.539	3.51	57.40
Z05	标准贯入试验孔	85 275.563	77 622.838	3.81	61.00
Z06	圆锥动力触探试验孔	85 279.769	77 641.079	3.80	57.00
Z07	取土试样钻孔	85 230.758	77 513.125	3.89	55.00
Z08	标准贯入试验孔	85 238.536	77 541.979	3.46	58.00
Z10	标准贯入试验孔	85 253.707	77 600.217	3.53	61.00
Z11	圆锥动力触探试验孔	85 260.694	77 628.919	3.65	61.70

续表

勘探孔孔号	勘探孔类型	孔位坐标		孔口高程 （m）	孔深 （m）
		x （m）	y （m）		
Z13	取土试样钻孔	85 208.545	77 504.333	3.81	48.00
Z14	标准贯入试验孔	85 215.967	77 531.728	4.15	51.00
Z15	圆锥动力触探试验孔	85 222.916	77 557.135	3.97	49.00
Z16	取土试样钻孔	85 229.519	77 585.573	3.92	53.00
Z17	标准贯入试验孔	85 236.236	77 611.561	3.75	57.00
Z17	圆锥动力触探试验孔	85 243.950	77 637.446	3.76	53.00
Z19	标准贯入试验孔	85 191.548	77 508.245	3.80	43.00
Z20	圆锥动力触探试验孔	85 198.514	77 539.141	4.13	46.00
Z21	取土试样钻孔	85 206.814	77 567.849	3.90	49.00
Z22	标准贯入试验孔	85 213.826	77 597.554	3.48	48.00
Z23	圆锥动力触探试验孔	85 223.878	77 627.103	3.89	52.00
Z26	标准贯入试验孔	85 178.221	77 541.919	4.35	51.00
Z27	圆锥动力触探试验孔	85 184.324	77 562.709	4.15	51.00
Z28	标准贯入试验孔	85 158.715	77 524.030	3.76	50.00
Z29	圆锥动力触探试验孔	85 164.376	77 545.441	4.32	51.00
Z31	圆锥动力触探试验孔	85 189.661	77 585.546	4.19	49.00
Z33	标准贯入试验孔	85 203.065	77 630.007	3.83	53.00
Z34	圆锥动力触探试验孔	85 182.323	77 610.013	3.86	52.00
Z35	标准贯入试验孔	85 175.367	77 588.471	3.77	51.50
Z37	圆锥动力触探试验孔	85 208.256	77 652.445	3.79	52.00
Z38	圆锥动力触探试验孔	85 139.163	77 523.730	3.61	44.00
Z39	标准贯入试验孔	85 147.280	77 551.758	3.75	50.00
Z40	取土试样钻孔	85 155.395	77 581.549	3.77	52.00
Z41	圆锥动力触探试验孔	85 162.027	77 610.465	4.34	50.00
Z42	取土试样钻孔	85 115.545	77 536.698	3.65	46.00
Z43	圆锥动力触探试验孔	85 121.472	77 561.125	3.78	49.00
Z44	标准贯入试验孔	85 127.984	77 585.281	3.92	48.00
Z45	取土试样钻孔	85 134.006	77 608.876	4.28	50.00
Z47	标准贯入试验孔	85 112.963	77 589.580	4.31	54.00
Z48	取土试样钻孔	85 120.816	77 619.478	3.90	50.00
Z49	取土试样钻孔	85 094.852	77 566.237	4.36	54.00

续表

勘探孔孔号	勘探孔类型	孔位坐标		孔口高程 （m）	孔深 （m）
		x（m）	y（m）		
Z50	圆锥动力触探试验孔	85 101.464	77 595.448	4.12	51.00
Z52	圆锥动力触探试验孔	85 111.664	77 638.157	4.00	50.00
Z53	取土试样钻孔	85 088.099	77 649.651	3.71	50.00
Z54	标准贯入试验孔	85 170.658	77 639.985	3.72	50.00
Z56	标准贯入试验孔	85 293.654	77 660.128	3.66	53.00
Z57	取土试样钻孔	85 251.645	77 665.256	3.65	52.00
Z58	取土试样钻孔	85 141.245	77 632.912	3.98	50.00
本次详勘利用原初勘勘探点					
Z02	圆锥动力触探试验孔	85 252.056	77 537.787	3.69	52.20
Z04	取土试样钻孔	85 265.661	77 595.084	3.62	58.20
Z09	取土试样钻孔	85 247.721	77 570.062	3.70	56.00
Z12	取土试样钻孔	85 270.125	77 654.823	3.55	62.00
Z24	取土试样钻孔	85 230.849	77 657.617	3.77	50.00
Z25	取土试样钻孔	85 172.158	77 521.555	3.82	52.00
Z30	取土试样钻孔	85 171.761	77 567.015	4.18	54.00
Z32	取土试样钻孔	85 196.543	77 607.836	4.12	56.20
Z36	圆锥动力触探试验	85 187.717	77 633.058	3.82	52.20
Z46	圆锥动力触探试验	85 107.356	77 561.045	4.50	52.00
Z51	圆锥动力触探试验	85 107.926	77 624.533	4.14	52.00
Z55	取土试样钻孔	85 059.204	77 655.217	3.85	51.00

注：表列中坐标、高程为实测数据。

表1.2　完成勘察工作量

野外工作				室内试验		
工程		工作量		工程	工作量	
钻探	取样、原位测试	m/孔	2378.6/46	常规土工试验	组	161
取样	原状土样	件	161	三轴不固结不排水剪切试验	组	8
	扰动土样	件	37	三轴固结不排水剪切试验	组	3
	水样	组	3	水平渗透试验	组	4
	岩样	件	32	竖向渗透试验	组	6

野外工作				室内试验		
工程		工作量		工程		工作量
原位测试	标准贯入试验	次	／	水质简分析（潜水）	组	3
	重型圆锥动力触探	延米	28	岩石单轴抗压试验	组	32
	双桥静力触探	m/孔	256.75/10			
	单孔剪切波速	孔	3			
	地下水位观测	组/日	1			

表 1.3　利用勘察工作量

野外工作				室内试验		
工程		工作量		工程		工作量
钻探	取样、原位测试	m/孔	647.80/12	常规土工试验	组	124
取样	原状土样	件	111	三轴不固结不排水剪切试验	组	4
	扰动土样	件	13	三轴固结不排水剪切试验	组	2
	水样	组	3	水平渗透试验	组	4
	岩样	件	13	竖向渗透试验	组	5
原位测试	标准贯入试验	次	／	水质简分析（潜水）	组	3
	重型圆锥动力触探	延米	7.70	岩石镜下定名试验	件	2
	单孔剪切波速	孔	2	岩石单轴抗压试验	组	14
	地下水位观测	组/日	1			

1.3.4　工程地质条件与评价

1.3.4.1　自然地理环境

某市地理位置为北纬 30°15'，东径 120°10'。地处亚热带北缘，属亚热带季风气候区，四季交替明显，年平均气温 16.6 ℃。雨量充沛，多年平均降雨量 1399 mm；每年有 2 个雨季，4—6 月为梅雨季节，7—9 月为台风季节。冬季为寒冷季节，土层冻结深度为 20 ~ 30 cm。

1.3.4.2　地形、地貌

拟建场区属于第四纪河湖相沉积平原地貌。拟建场地为已拆除院校，场地地面高程一般在 3.46 ~ 4.50 m（以勘探点孔口高程统计）。场地地势相对平坦，地貌单一。

1.3.4.3　地基岩土构成与特征

经详细勘察后知，场地第四纪覆盖层厚度约为 40 m。上部主要为滨海湖沼相沉积的淤

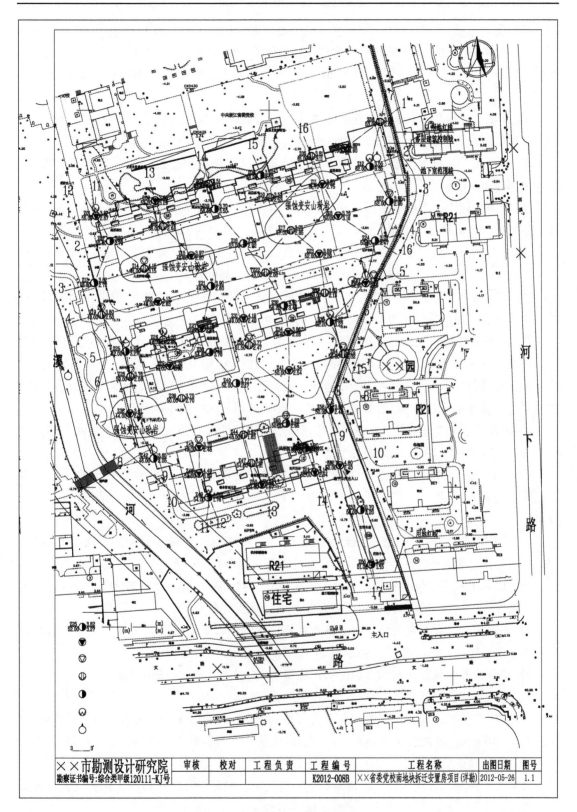

图 1.1　勘探点线平面位置

泥及淤泥质土地层；中部为陆—海相软、硬土层交替沉积地层（以海相土层为主）；底部主要为白垩纪地层。根据野外钻探、室内岩土试验及原位测试资料，可将场地勘探深度范围内的岩土层分为 9 个工程地质层，共计 20 个亚层。各岩土层特性及分布特征自上而下描述如下。

①$_1$ 杂填土：褐灰—灰黄色，湿，上部多为密实的碎砾石、混凝土，下部以含砖瓦、碎砾石等建筑垃圾为主，其余成分以黏性土充填。层厚 0.20 ~ 2.90 m，全场大部分布。

①$_2$ 素填土：灰黄色，湿，含少量砖瓦、碎砾石，呈粉质黏土性。层厚 0.20 ~ 3.40 m，全场大部分布。

①$_3$ 淤泥质填土：灰褐色，湿，松软，含少量砖瓦、碎砾石，较多腐殖质。呈粉质黏土性。层厚 0.50 ~ 1.60 m，偶有分布。

②$_1$ 粉质黏土：灰黄色，软塑—可塑状，含云母、氧化铁质。无摇震反应，切面较有光泽，干强度高，韧性中等。层厚 0.30 ~ 1.60 m，全场大部分布。

②$_2$ 黏质粉土：灰黄色，饱和，稍密，含氧化铁，夹黏性土。摇震反应中等，切面较粗糙，干强度低，韧性低。层厚 0.20 ~ 2.30 m，全场大部分布。

③$_1$ 淤泥质粉质黏土：灰色，流塑。无摇震反应，切面有光泽，干强度中等，韧性中等。层厚 3.90 ~ 9.50 m，全场分布。室内土工试验含水量 30.2% ~ 55.0%，平均值 39.8%，静止侧压力系数 0.528，三轴不固结不排水抗剪强度 C_{uu} = 13 kPa、Φ_{uu} = 0.3°，无侧限抗压强度原状土强度 q_u = 21.3 kPa，重塑土强度 q_u' = 4.1 kPa，灵敏度 5.2。

③$_2$ 淤泥质粉质黏土夹粉土：灰色，流塑。无摇震反应，切面有光泽，干强度中等，韧性中等。层厚 7.60 ~ 14.50 m，全场分布。

⑤$_1$ 淤泥质粉质黏土：灰色，流塑，含有机质、腐殖质，局部夹砂质粉土薄层。无摇震反应，切面有光泽，稍有光泽，干强度中等，韧性中等。层厚 5.20 ~ 12.50 m，全场分布。

⑤$_2$ （淤泥质）黏土：灰色，流塑，含有机质、腐殖质，夹较多贝壳屑。无摇震反应，切面较有光泽，稍有光泽，干强度中等，韧性中等。层厚 0.70 ~ 8.60m，全场分布。

⑨ 粉质黏土：褐灰色，软塑—可塑，含少量有机质、腐殖质。无摇震反应，切面较有光泽，干强度高，韧性中等。层厚 0.20 ~ 5.90 m，全场大部分布。

⑩$_1$ 粉质黏土：青灰夹黄色，可塑—硬可塑，含云母、氧化铁质，无摇震反应，切面较有光泽，干强度高，韧性中等。层厚 1.20 ~ 5.90 m，全场局部分布。

⑩$_2$ 含砾粉砂：灰色，饱和，稍密状。层厚 0.20 ~ 3.50 m，全场局部分布。

⑩$_3$ 砾砂：灰色，饱和，中密状，含少量砾石。层厚 0.40 ~ 3.10 m，全场局部分布。

⑩$_4$ 圆砾：灰色，饱和，中密状。砾石含量为 50% ~ 55%，其余为中粗砂为主。砾石直径一般 2 ~ 40 mm，最大约 60 mm。砾石主要以凝灰岩、石英砂岩、砂岩为主。层厚 0.50 ~ 3.60 m，全场局部分布。

⑪ 黏土：褐灰色，软塑，含少量有机质、腐殖质，局部夹牡蛎化石。无摇震反应，切面较有光泽，干强度高，韧性中等。层厚 0.60 ~ 4.30 m，全场局部分布。

⑫$_1$ 粉质黏土：青灰夹黄色，可塑，含云母、氧化铁质，无摇震反应，切面较有光泽，

干强度高，韧性中等。层厚 1.10 ~ 3.10 m，全场偶有分布。

⑫₂砾砂：灰黄色，饱和，中密状。砾石含量约 40%。层厚 0.30 ~ 3.70 m，全场偶有分布。

⑲₁全风化蚀变安山玢岩（蚀变安山岩）：灰紫色夹灰白色，母岩成分与结构已基本破坏，岩芯已风化成土状。层厚 0.50 ~ 4.70 m，全场偶有分布。

⑲₂₁强风化蚀变安山玢岩（蚀变安山岩）：灰紫色，母岩组织结构已大部分破坏，岩芯呈碎块状或短柱状，可用手捏碎岩芯。钻探进尺速度 15 ~ 25 min/m。层厚 0.70 ~ 8.50 m，全场偶有分布。

⑲₂₂强风化夹中风化蚀变安山玢岩（蚀变安山岩）：灰紫色，母岩组织结构已大部分破坏，岩芯呈碎块状或短柱状，可用手捏碎岩芯，夹稍多中风化岩块。钻探进尺速度 20 ~ 30 min/m。层厚 1.10 ~ 9.80 m，全场偶有分布。

⑲₃₁中风化蚀变安山玢岩（蚀变安山岩）：灰紫色，组织结构部分破坏，裂隙发育。岩芯呈短柱状为主，少量碎块状，偶有长柱状。锤击声略脆。岩石具斑状结构。单轴饱和抗压强度 3.33 ~ 12.7 MPa，平均值 7.05 MPa，标准值 6.29 MPa。采用 ϕ127 合金钻具钻探时进尺速度约 40 ~ 50 min/m。本次详勘未揭穿，最大揭示厚度 12.80 m。偶夹⑲₃夹强偏中等风化蚀变安山玢岩（蚀变安山岩），其单轴饱和抗压强度 2.02 MPa。

⑲₃₂中风化强蚀变安山玢岩（强蚀变安山岩）：灰紫色，组织结构部分破坏，裂隙发育。岩芯呈短柱状为主，少量碎块状，偶有长柱状。锤击声闷。岩石具斑状结构。单轴饱和抗压强度 0.84 ~ 2.08 MPa，平均值 1.65 MPa，标准值 1.27 MPa。采用 ϕ127 合金钻具钻探时进尺速度约 40 min/m。本次详勘未揭穿，最大揭示厚度 7.40 m。

⑲₄微风化蚀变安山玢岩（蚀变安山岩）：灰紫色，组织结构偶有破坏，裂隙较不发育。岩芯呈短柱状或柱状为主，少量碎块状。锤击声清脆。岩石具斑状结构。单轴饱和抗压强度 12.50 ~ 50.0 MPa，平均值 32.9 MPa，标准值 19.4 MPa。采用 ϕ91 金刚钻钻具钻探时进尺速度约 50 min/m。本次详勘未揭穿，最大揭示厚度 10.3 m。

场地岩土层物理力学性质指标及工程设计参数见表 1.4，空间分布规律详见勘探点线平面位置图（图 1.1）、工程地质剖面图（图 1.2、1.3、1.4、1.5、1.6、1.7）、钻孔柱状图（图 1.8、1.9）、静力触探试验曲线（图 1.10）、主要土层 e-p 曲线图（图 1.11）。

1.3.4.4 地基岩土物理力学性质指标选用

经对场地各勘探点试验数据进行分析评价，在划分同一工程地质单元体的基础上，依据国标规范方法在剔除异常值后进行数理统计。岩土层物理力学性质指标分层统计值及工程设计参数如表 1.4 所示，并说明如下。

（1）表列各岩土层物理力学性质指标中，除表列抗剪强度试验及岩石饱和单轴抗压强度指标值为峰值标准值外，其余均为平均值。

（2）表列标准贯入试验（N）及重型圆锥动力触探（$N_{63.5}$）指标统计未经过探杆长度修正。

表 1.4 场地岩土层物理力学性质指标及工程设计参数

层号	项目	符号	单位	①₁	①₂	①₃	②₁	②₂	③₁	③₂	⑤₁	⑤₂	⑨	⑩₁	⑩₂	⑩₃	⑩₄	⑪	⑫₁	⑫₂	⑬₁	⑬₂₁	⑬₂₂	⑬₃₁	⑬₃₂	⑬夹	⑬₄
岩土名称				杂填土	素填土	淤泥质填土	粉质黏土	黏质粉土	淤泥质粉质黏土	淤泥质粉质黏土夹粉土	淤泥质粉质黏土	(淤泥质)质黏土	粉质黏土	粉质黏土	含砾粉砂	砾砂	圆砾	黏土	粉质黏土	砾砂	全风化蚀变安山岩（蚀变安山岩）	强风化蚀变安山岩（蚀变安山岩）	强风化夹中风化蚀变安山岩（蚀变安山岩）	中风化蚀变安山岩（蚀变安山岩）	中风化蚀变安山岩（强蚀变安山岩）	强偏中风化蚀变安山岩（强蚀变安山岩）	微风化蚀变安山岩（蚀变安山岩）
	统计数	n	件				4	18	68	39	42	17	28	11	4	15	17	11	3	8	13		2	31	6	1	6
	含水量	W	%				29.4	29.9	39.8	41.5	40.5	43.1	25.8	22.2	22.4			40.1	29.2		29.7						
	湿重度	γ	kN/m³	(18.0)	(17.5)	(16.8)	19.2	19.1	18.1	17.6	17.6	17.5	19.3	20.0	19.8			17.6	19.3		19.1						
	比重	G_s	/				2.71	2.70	2.72	2.72	2.72	2.74	2.71	2.71	2.68			2.74	2.73		2.74						
	孔隙比	e	/				0.826	0.831	1.110	1.186	1.172	1.245	0.775	0.655	0.662			1.179	0.830		0.861						
	液限	W_L	%				32.7		36.9	34.7	35.4	44.0	28.9	27.0				45.2	40.6		42.8						
	塑限	W_P	%				19.8		21.1	20.1	20.0	23.2	16.8	16.2				24.2	20.8		22.7						
	液性指数	I_L	/				0.76		1.23	1.48	1.36	0.96	0.75	0.57				0.77	0.46		0.4						
	塑性指数	I_P	/				12.8		15.8	14.6	15.4	20.9	12.0	10.8				21.1	19.8		20.1						
	压缩系数	a_{1-2}	MPa⁻¹				0.360	0.196	0.673	0.754	0.705	0.644	0.331	0.236	0.220			0.556	0.330		0.345						
	竖向渗透系数	K_v	10⁻⁶cm/s				0.03	8.00	0.1																		
	水平渗透系数	K_h					0.80	12.00	0.80																		
抗剪强度指标（峰值/标准值）直剪固快	凝聚力	c_{cq}	kPa				15.0	7.0	11.0	10.0	11.0	14.5	17.5	24.0	3.0			18.0	22.0		23.5						
	内摩擦角	ϕ_{cq}	°					26.5	14.0	14.5	14.0	11.0	18.0	20.0	32.0			11.0	15.0		14.0						
三轴不固结不排水剪	凝聚力	c_{uu}	kPa						13.0																		
	内摩擦角	ϕ_{uu}	°						0.3																		
三轴固结不排水剪	凝聚力	c_{cu}	kPa				5.5																				
	内摩擦角	ϕ_{cu}	°				28.0																				
	有效凝聚力	c'_{cu}	kPa				6.5																				

续表

层号 / 指标	①$_1$	①$_2$	①$_3$	②$_1$	②$_2$	③$_1$	③$_2$	⑤$_1$	⑤$_2$	⑨	⑩$_1$	⑩$_2$	⑩$_3$	⑩$_4$	Ⅱ	Ⅱ$_1$	Ⅱ$_2$	Ⅳ$_1$	Ⅳ$_{21}$	Ⅳ$_{22}$	Ⅳ$_{31}$	Ⅳ$_{32}$	Ⅳ$_{33}$	Ⅳ$_4$
岩土名称	杂填土	素填土	淤泥质填土	粉质黏土	黏质粉土	淤泥质粉质黏土	淤泥质粉质黏土夹粉土	淤泥质粉质黏土	(淤泥质)黏土	粉质黏土	粉质黏土	含砾粉砂	砾砂	圆砾	黏土	粉质黏土	砾砂	全风化安山岩蚀变安山岩(蚀变安山岩)	强风化安山岩山蚀变安山岩(蚀变安山岩)	强风化夹中风化蚀变安山岩(蚀变安山岩)	中风化蚀变安山岩(蚀变安山岩)	中风化强蚀变安山岩(强蚀变安山岩)	强偏中风化蚀变安山岩(强蚀变安山岩)	微风化蚀变安山岩(蚀变安山岩)
三轴固结不排水剪 有效内摩擦角 ϕ_{cu}' (°)					30.5																			
无侧限压强度 原状 q_u						21.3																		
无侧限压强度 重塑 q_u'						4.1																		
无侧限压强度 灵敏度 S_t						5.2																		
静止侧压力系数 k_0						0.528																		
颗粒组成百分数 ρ(%) 粒径 d(mm) >60																								
60~40												6.3	1.0	3.8										
40~20												15.2	10.6	19.6			4.0							
20~10												7.1	12.5	14.6			4.6							
10~2												12.7	18.6	17.1			9.4							
2~0.5												17.8	12.4	8.6			4.3							
0.5~0.25												13.2	14.9	11.9			15.9							
0.25~0.075					5.2		6.3					12.1	13.0	10.1			36.2							
0.075~0.005					83.9		68.6					11.2	12.4	10.4			18.3							
0.005~0					10.9		25.1					4.4	4.6	3.9			7.3							
岩石饱和单轴抗压强度 统计数 n(件)																		4		2	31	6	1	6
室内试验强度 f_{rk}(MPa)																		12.0		1.2	6.3	1.3	2.0	19.4
标准贯入试验 统计数 n(点次)				1	12		2			7		32			2			4						
标准贯入试验 实测锤击数(平均值) N_{10}(击次/30cm)				4.0	8.1					9.8		17.0			7.7			12.0						
重型圆锥动力触探试验 统计数 n(点次)												9	48	63				33	131	35	6			
重型圆锥动力触探试验 实测锤击数(平均值) $N_{63.5}$(击次/10cm)												17.3	16.5	20.5				12.4	31.1	47.8	36.0			

续表

层号	①1	①2	①3	②1	②2	③1	③2	③3	⑤1	⑤2	⑨	⑩1	⑩2	⑩3	⑩4	⑪	⑫1	⑫2	⑬1	⑬2	⑬3	⑬4	⑬5	⑬6	⑬微
岩土名称	杂填土	素填土	淤泥质填土	粉质黏土	黏质粉土	淤泥质粉质黏土	淤泥质粉质黏土夹粉土	淤泥质粉质黏土	淤泥质粉质黏土	(淤泥质)黏土	粉质黏土	粉质黏土	含砾粉砂	砾砂	圆砾	黏土	粉质黏土	砾砂	全风化强蚀变安山岩粉岩(蚀变安山岩)	强风化蚀变安山岩粉岩(蚀变安山岩)	强风化夹中风化蚀变安山岩粉岩(蚀变安山岩)	中风化蚀变安山岩粉岩(蚀变安山岩)	中风化强蚀变安山岩粉岩(强蚀变安山岩)	强偏中风化蚀变安山岩粉岩(强蚀变安山岩)	微风化蚀变安山岩(蚀变安山岩)
原位测试统计值 双桥静力触探试验(平均值) — 统计数 n (点次)	216	114		42	100	1698	1998	898																	
锥尖阻力 q_c (MPa)	1.7	1.3		0.8	2.0	0.5	0.7	0.9																	
侧阻力 f_s (kPa)	43.4	41.2		17.3	47.7	8.7	9.9	12.7																	
摩阻比 R_f (/)	2.6	3.1		2.2	2.4	1.8	1.4	1.4																	
地基承载力基本容许值 $[f_{a0}]$ (kPa)	80	80	40	100	100	80	75	80		90	140	220	220	250	400	140	250	280	200	300	450	2000	900	400	3500
压缩模量 E_s (MPa)	3.0	2.5	<1.0	4.0	7.0	2.0	2.5	3.5	4.0	4.0	7.0	12.0	14.0	20.0	40.0	7.5	13.0	25.0	8.0	30.0	40.0	>50*	>50*	35.0*	>50*
工程设计参数 钻孔灌注桩 — 桩端岩土承载力特征值 q_{pa} (kPa)																			300	1000	1400	2500	1900	1000	3500
桩侧岩土层摩阻力特征值 q_{sa} (kPa)	7	7	0	10	10	6	7	8	8	10	13	15	30	35	45	15	35	40	30	60	65	80	70	65	110
基桩抗拔系数 λ (/)				0.80	0.70	0.80	0.80	0.80	0.80	0.80	0.75	0.80	0.65	0.60	0.60	0.75	0.80	0.60	0.80	0.65	0.65	0.90	0.90	0.65	0.90
层号	①1	①2	①3	②1	②2	③1	③2	③3	⑤1	⑤2	⑨	⑩1	⑩2	⑩3	⑩4	⑪	⑫1	⑫2	⑬1	⑬2	⑬3	⑬4	⑬5	⑬6	⑬微

注：

1. 表列中试验指标中除抗剪强度及岩石单轴抗压强度为标准值外，其余均为平均值，表中括号内数字为经验值；表列带"*"值为内摩擦角，⑬ E_s 值为变形模量。

2. 表列中钻孔灌注桩桩端承载力参数设计值按桩端进入持力层深度：对于⑬2中风化强蚀变安山岩粉岩(蚀变安山岩)不小于1倍桩径；对于⑬3中风化强蚀变安山岩粉岩(蚀变安山岩)、⑬4微风化蚀变安山岩(蚀变安山岩)、⑬x中风化强蚀变安山岩粉岩(强蚀变安山岩)不小于2倍桩径，桩径日桩端沉渣不大于50 mm。

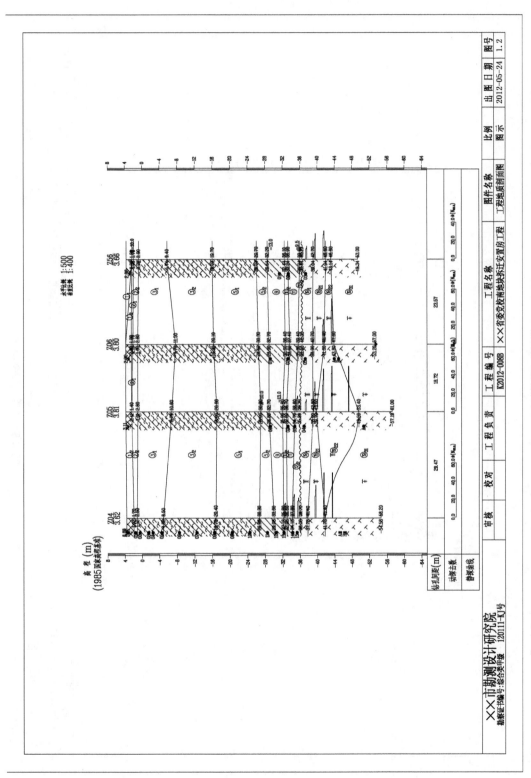

图 1.2 工程地质剖面图 1

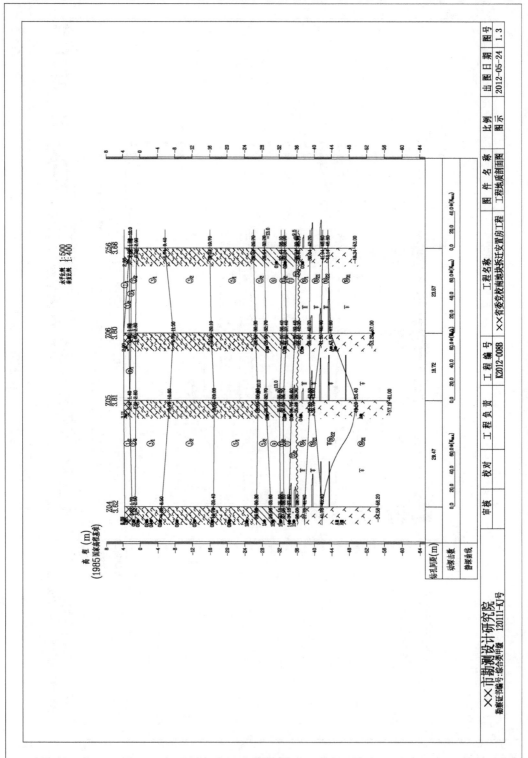

图 1.3　工程地质剖面图 2

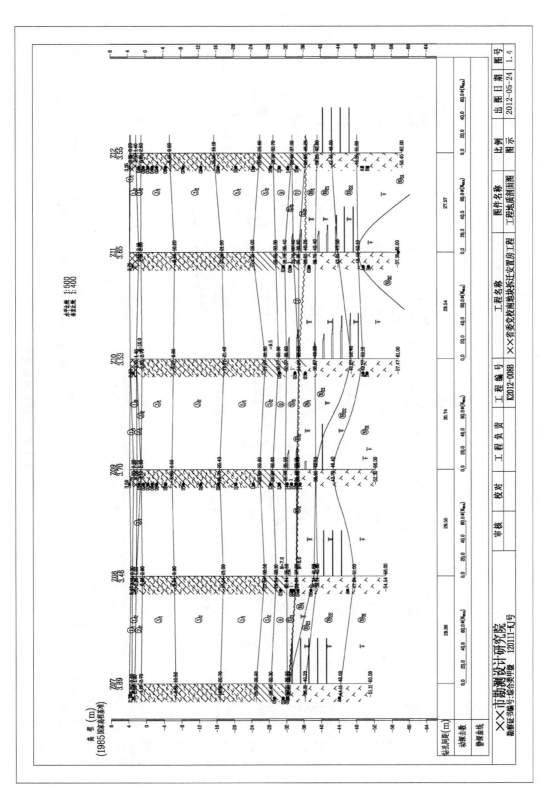

图1.4 工程地质剖面图3

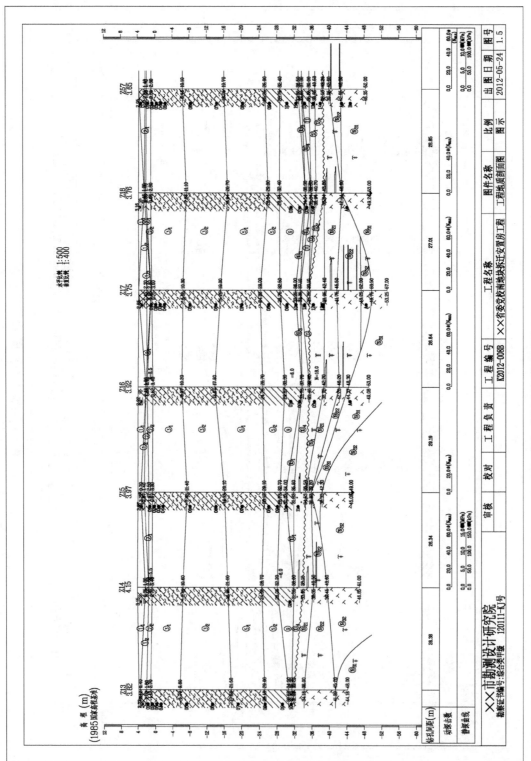

图 1.5　工程地质剖面图图 4

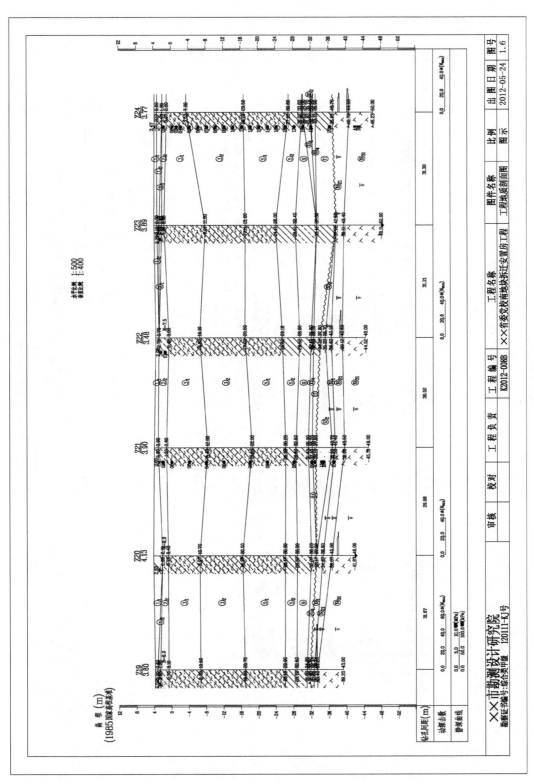

图 1.6　工程地质剖面图 5

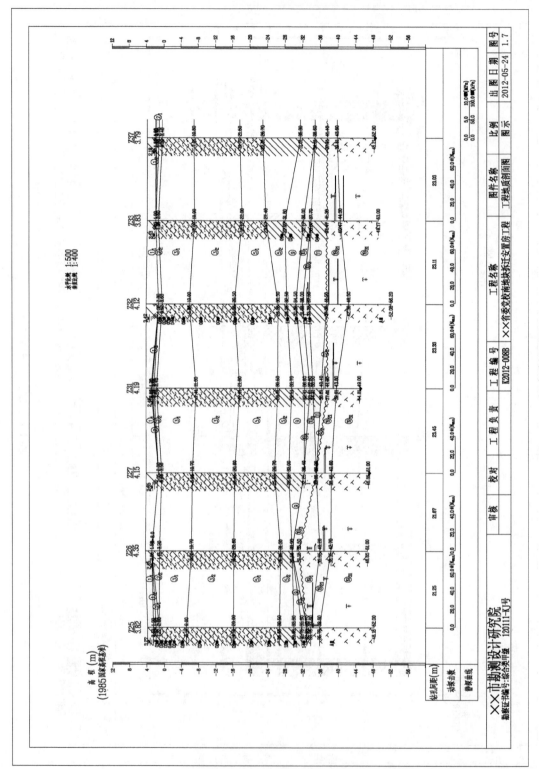

图 1.7　工程地质剖面图 6

工程名称	××省委党校南地块拆迁安置房工程					
工程编号	K2012-008B			钻孔编号	Z07	
孔口高程	3.89 m	坐	x = 85 230.76 m	开工日期	2012-05-12	稳定水位深度 1.10 m
孔口直径	127.00 mm	标	y = 77 513.13 m	竣工日期	2012-05-14	测量水位日期 2012-05-15

地层编号	层底高程(m)	层底深度(m)	分层厚度(m)	柱状图 1:250	岩土名称及其特征
①	3.09	0.80	0.80		杂填土:灰黄色,湿,含有少量砖瓦、碎砾石,呈粉质黏土性
①₁	2.59	1.30	0.70		素填土:灰黄色,湿,含有少量砖瓦、碎砾石,呈粉质黏土性
②	1.19	2.70	1.40		黏质粉土:灰黄色,饱和,稍密,含氧化铁,夹黏性土,摇震反应中等,切面粗糙,干强度低,韧性低
③₁	-6.61	10.50	7.80		淤泥质粉质黏土:灰色,流塑,无摇震反应,切面有光泽,干强度中等,韧性中等
③₂	-16.61	20.70	10.20		淤泥质粉质黏土夹粉土:灰色,流塑,无摇震反应,切面有光泽,干强度中等,韧性中等
⑤₁	-25.01	28.90	8.20		淤泥质粉质黏土:灰色,流塑,含有机质、腐殖质,局部夹砂质粉土薄层,无摇震反应,切面较有光泽,稍有光泽,干强度、韧性中等
⑤₂	-28.41	32.30	3.40		(淤泥质)黏土:灰色,流塑,含有机质、腐殖质,夹较多贝壳屑,无摇震反应,切面较有光泽,稍有光泽,干强度、韧性中等
⑥	-32.11	36.03	3.73		粉质黏土:褐灰色,软塑—可塑,含少量有机质、腐殖质,无摇震反应,切面较有光泽,干强度高,韧性中等
⑥₁					砾砂:灰色,很湿,中密状,含少量砾石
⑩₁	-36.31	40.20	3.80		强风化蚀变安山玢岩(蚀变安山岩):灰紫色,母岩组织结构已大部分破坏,岩芯呈碎块状或短柱状,可用手捏碎岩芯,钻探进尺速度15~25 min/m
⑩₂	-44.11	48.00	7.80		强风化夹中风化蚀变安山玢岩(蚀变安山岩):灰紫色,母岩组织结构已大部分破坏,岩芯呈碎块状或短柱状,可用手捏碎岩芯,夹稍多中风化岩块,单轴饱和抗压强度1.51 MPa,钻探进尺速度20~30 min/m
⑩₃	-51.11	55.00	7.00		中风化蚀变安山玢岩(蚀变安山岩):灰紫色,组织结构部分破坏,裂隙发育,岩芯呈短柱状为主,少量碎块状,偶有长柱状,锤击声略脆,岩石具斑状结构,采用合金钻具钻探时进尺速度约40~50 min/m

××市勘测设计研究院	审核	校对	工程负责	工程编号	工程名称	出图日期	图号
勘察证书编号:综合类甲级120111-KJ号				K2012-008B	××省委党校南地块拆迁安置房项目	2012-05-26	1.8

图1.8　Z07钻孔土层详情

工程名称	××省委党校南地块拆迁安置房工程					
工程编号	K2012-008B			钻孔编号	Z11	
孔口高程	3.65 m	坐	$x = 85\,260.69$ m	开工日期	2012-05-09	稳定水位深度 0.90 m
孔口直径	127.00 mm	标	$y = 77\,628.92$ m	竣工日期	2012-05-09	测量水位日期 2012-05-10

地层编号	层底高程 (m)	层底深度 (m)	分层厚度 (m)	柱状图 1:250	岩土名称及其特征
①₂	1.55	2.10	2.10		素填土：灰黄色，湿，含有少量砖瓦、碎砾石，呈粉质黏土性
②₁	1.05	2.60	0.50		黏质粉土：灰黄色，饱和，稍密，含氧化铁，夹黏性土，摇震反应中等，切面粗糙，干强度低，韧性低
③₁	-6.55	10.20	7.60		淤泥质粉质黏土：灰色，流塑，无摇震反应，切面有光泽，干强度中等，韧性中等
③₂	-17.35	21.00	10.80		淤泥质粉质黏土夹粉土：灰色，流塑，无摇震反应，切面有光泽，干强度中等，韧性中等
⑤₁	-24.35	28.00	7.00		淤泥质粉质黏土：灰色，流塑，含有机质、腐殖质，局部夹砂质粉土薄层，无摇震反应，切面较有光泽，稍有光泽，干强度、韧性中等
⑤₂	-29.65	33.30	5.30		(淤泥质)黏土：灰色，流塑，含有机质、腐殖质，夹较多贝壳屑。无摇震反应，切面较有光泽，稍有光泽，干强度、韧性中等
⑨	-31.75	35.40	2.10		粉质黏土：褐灰色，软塑一可塑，含少量有机质、腐殖质。无摇震反应，切面较有光泽，干强度高，韧性中等
⑩₂	-33.75	37.40	2.00		砾砂：灰色，很湿，中密状，含少量砾石
⑪	-34.95	38.60	1.20		黏土：褐灰色，软塑，含少量有机质、腐殖质，无摇震反应，切面较有光泽，干强度高，韧性中等
⑫₂	-36.55	40.20	1.60		砾砂：灰黄色，饱和，中密状。砾石含量约40%
⑬₁	-38.75	42.40	2.20		全风化蚀变安山斑岩(蚀变安山岩)：灰紫色夹灰白色，母岩成分与结构已基本破坏，岩芯已风化成土状
⑬₂₁	-43.85	47.50	5.10		强风化蚀变安山斑岩(蚀变安山岩)：灰紫色，母岩组织结构已大部分破坏，岩芯呈碎块状或短柱状，可用手捏碎岩芯，钻探进尺速度15~25 min/m
⑬₂₂	-48.45	52.10	4.60		强风化夹中风化蚀变安山斑岩(蚀变安山岩)：灰紫色，母岩组织结构已大部分破坏，岩芯呈碎块状或短柱状，可用手捏碎岩芯，夹稍多中风化岩块。钻探进尺速度20~30 min/m
⑬₂₃	-57.35	61.00	8.90		中风化蚀变安山斑岩(强蚀变安山岩)：灰紫色，组织结构部分破坏，裂隙发育，岩芯呈短柱状为主，少量碎块状，偶有长柱状，锤击声闷。岩石具斑状结构。单轴饱和抗压强度分别为1.40、1.87MPa。采用合金钻具钻探时进尺速度约40 min/m

××市勘测设计研究院	审核	校对	工程负责	工程编号	工程名称	出图日期	图号
勘察证书编号：综合类甲级120111-KJ号				K2012-008B	××省委党校南地块拆迁安置房项目	2012-05-26	1.9

图1.9　Z11钻孔土层详情

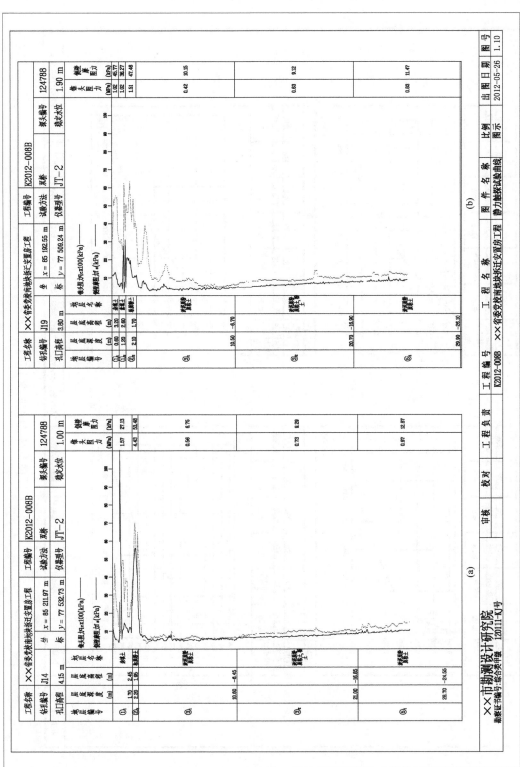

图 1.10　静力触探试验曲线

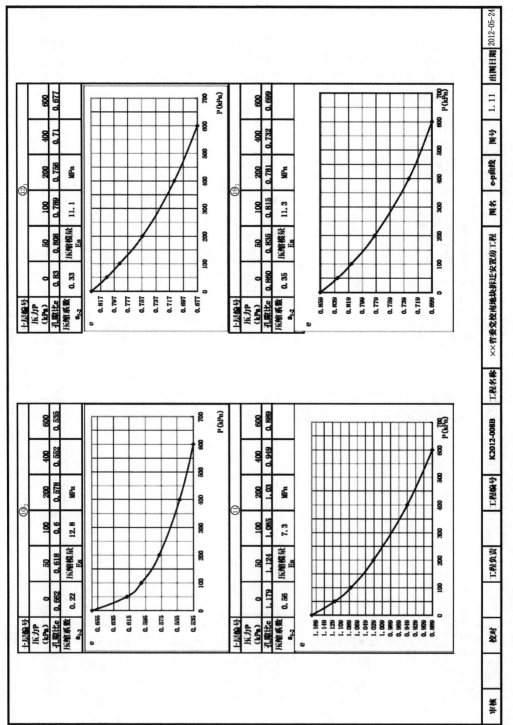

图 1.11　4 种主要土层 e–p 曲线

1.3.4.5 地基岩土层分析评价

由上述可知，拟建区域①填土层性质差、杂，不宜利用；②硬壳层性质一般，不宜选用为浅基础持力层；③淤泥土层为滨海湖沼相沉积，性质差，压缩性高，工程性质差；⑤₁淤泥质粉质黏土、⑤₂（淤泥质）黏土、⑨粉质黏土、⑪黏土为浅海相或滨海相沉积，性质差，压缩性较高；⑩₁粉质黏土层性质一般；⑩₂、⑩₃、⑫₂砂层性质一般且为局部分布，不宜作为较大荷载下的桩基桩端持力层；⑩₄性质较好，但分布不均匀，层厚变化大，局部缺失，不宜作为较大荷载下的桩基桩端持力层；基岩层中⑲₃、⑲₃₂中风化岩层及⑲₄微风化岩层性质较好，可选用为大荷载作用下的桩基桩端持力层。

1.3.5 水文地质条件与评价

1.3.5.1 地表水

拟建场地涉及的地表水系主要为不通航河道。根据本次初勘所取得河水水样进行的水质简分析，以及《岩土工程勘察规范》（GB 50021—2001，2009 年版）中的附录 G，按Ⅱ类场地环境类别对地表水进行评价，判定初勘期间拟建场地西侧的河水对混凝土具微腐蚀性；对钢筋混凝土结构中钢筋具微腐蚀性（表 1.5）。

表 1.5 地表水对混凝土和钢筋混凝土结构中钢筋腐蚀性评价

内容	对混凝土结构的腐蚀性评价					对钢筋混凝土结构中钢筋的腐蚀性评价	
	按环境类型（Ⅱ类）			按地层渗透性（弱透水层 B 类）		干湿交替	长期浸水
	SO_4^{2-}（mg/L）	Mg^{2+}（mg/L）	总矿化度（mg/L）	pH	侵蚀 CO_2（mg/L）	Cl^-（mg/L）	
微腐蚀性规定	<300	<2000	<20 000	>5.0	<30	<100	<10 000
弱腐蚀性规定	300～1500	2000～3000	20 000～50 000	4.0～5.0	30～60	100～500	10 000～20 000
中等腐蚀性规定	1500～3000	3000～4000	50 000～60 000	3.5～4.0	60～100	500～5000	/
河道	10.11	15.41	184	6.82	2.66	33.62	33.62
腐蚀性评价	微腐蚀性					微腐蚀性	微腐蚀性

1.3.5.2 地下水

详勘揭示，拟建场地地下水主要为赋存在上部①填土层、②₂粘质粉土层的松散岩类孔隙潜水及赋存在下部⑩、⑫砂砾石层中的承压水。

根据本次详勘资料,在勘探孔内测得潜水稳定水位埋深为 0.20~2.70 m,相当于 85 国家高程(复测高程) 1.15~3.78 m,补给途径主要受大气降水补给。排泄途径以蒸发为主,水位动态随季节性变化,年水位变幅为 1~2 m。

本次在 Z12、Z25、Z37、Z42、Z53 勘探点处所取浅部潜水样的水质简分析资料,根据《岩土工程勘察规范》(GB 50021—2001,2009 年版)中的附录 G,按 II 类场地环境类别、B 型地下水对地下水进行评价。当按 II 类环境类型干湿交替环境考虑时,结果为:场地潜水对混凝土有微腐蚀性;在干湿交替环境条件下对钢筋混凝土结构中的钢筋有微腐蚀性;在长期浸水环境条件下对钢筋混凝土结构中的钢筋有微腐蚀性(表 1.6)。

表 1.6　潜水对混凝土和钢筋混凝土结构中钢筋腐蚀性评价

内容	对混凝土结构的腐蚀性评价					对钢筋混凝土结构中钢筋的腐蚀性评价	
	按环境类型(II类)			按地层渗透性(弱透水层 B 类)		干湿交替	长期浸水
	SO_4^{2-} (mg/L)	Mg^{2+} (mg/L)	总矿化度 (mg/L)	pH	侵蚀 CO_2 (mg/L)	Cl^- (mg/L)	
微腐蚀性规定	<300	<2000	<20 000	>5.0	<30	<100	<10 000
弱腐蚀性规定	300~1500	2000~3000	20 000~50 000	4.0~5.0	30~60	100~500	10 000~20 000
中等腐蚀性规定	1500~3000	3000~4000	50 000~60 000	3.5~4.0	60~100	500~5000	/
Z12	11.35	16.66	257	6.85	5.32	62.11	62.11
Z25	10.87	16.16	249	6.86	3.99	59.83	59.83
Z37	21.15	14.67	198	7.45	4.51	35.90	35.90
Z42	12.19	28.34	275	6.75	4.51	73.50	73.50
Z53	18.64	27.10	785	6.87	7.52	76.92	76.92
腐蚀性评价	微腐蚀性					微腐蚀性	微腐蚀性

本次未对场地浅部地下水位以上土层进行化学分析。本场地潜水位总体埋深较浅,主要接受大气降水及地下同层侧向径流的补给,经过大气降水常年的淋滤作用,场地浅部地下水位以上土层对混凝土及钢筋混凝土中的钢筋的腐蚀性视同潜水的腐蚀性。

本次未专门取承压水进行水质简分析。根据区域水文地质资料,在长期浸水条件下,承压水对混凝土有微腐蚀性,对钢筋混凝土结构中钢筋有微腐蚀性。

根据区域资料,本地区承压水的水头为 1.0~1.5 m [85 国家高程(复测高程)],位于基坑影响范围内,但鉴于承压含水层上部的隔水层层厚达 30 m 以上,且本工程拟建地下室仅一层，结合周边工程经验，判断承压水对本工程建设影响较小。

1.3.6 场地抗震评价

1.3.6.1 场地类别

场地在地表下 20 m 范围内分布的主要是①填土层、②$_1$ 粉质黏土、②$_2$ 黏质粉土、③$_1$ 淤泥质粉质黏土、③$_2$ 淤泥质粉质黏土夹粉土、⑤$_1$ 淤泥质粉质黏土。根据本次在 Z01、Z12、Z26、Z36、Z49 勘探点进行的波速试验资料单孔剪切波速试验资料，地面下 20 m 范围内各土层实测等效剪切波速 V_{se} 值为 129 m/s、127 m/s、127 m/s、128 m/s、128 m/s，场地土的类型属软弱场地土。结合本次详勘结果，场地覆盖层厚度在 15 ~ 80 m，依据国家标准《建筑抗震设计规范》（GB 50011—2010）判断场地类别为Ⅲ类。

1.3.6.2 场地与地基的地震效应

结合本次详勘揭示地层与单孔剪切波速试验成果，场地土的类型属软弱场地土。鉴于拟建场地浅部 20 m 范围内主要为①填土层、②$_1$ 粉质黏土、②$_2$ 黏质粉土、③$_1$ 淤泥质粉质黏土、③$_2$ 淤泥质粉质黏土夹粉土、⑤$_1$ 淤泥质粉质黏土，且地下水水位较高，场地属对建筑抗震不利地段，场地设计基本地震加速度为 0.05 m/s²，设计地震分组为一组。

1.3.6.3 地基土地震液化判别

经勘察，场地在地表下 20 m 深度范围内主要为①填土层、②$_1$ 粉质黏土、②$_2$ 黏质粉土、③$_1$ 淤泥质粉质黏土、③$_2$ 淤泥质粉质黏土夹粉土、⑤$_1$ 淤泥质粉质黏土，不存在饱和砂质粉土或粉砂层，故不存在地震液化土。

1.3.7 场地不良地质作用（条件）与特殊土

据现场地质调查，本场区地势平坦，在本次详勘勘察范围内未发现滑坡、泥石流、崩塌、地面沉降、沼气、抛石等不良地质作用（条件）。

场地浅部②$_2$ 黏质粉土属渗透性地层，场地地下水位浅，在一定的渗透压力作用下（如管基开挖等）易产生流土和管涌现象。在一定的施工振动作用下易引发工程振动液化现象，为本场地的不良地质作用。

本场地详勘期间在 Z17、Z53 勘探点揭示有①$_3$ 淤泥质填土，推测其原为暗塘，后在建设过程中进行回填处理而成。该层含水量高，承载力低，在荷载作用下，易变形，为本场地的不良地质条件。

除此之外，本场区未见其他明显不良地质作用。

对于流土和管涌问题可采用简易管井、轻型井点等降水方式来予以避免。对于上述工程振动液化问题可采用非振动型施工工艺来解决。

此外，场地浅中部的③$_1$ 淤泥质粉质黏土、③$_2$ 淤泥质粉质黏土夹粉土、⑤$_1$ 淤泥质粉质黏土、⑤$_2$（淤泥质）黏土构成了本工程的特殊土。上述两层分别为滨海湖沼相或浅海相沉积，含水量高，承载力低，在荷载作用下，易变形，具灵敏度，具蠕触变性。

总体来说，本工程场地地形平坦，地势开阔，条件较好，适宜本工程建设。

1.3.8 基础与持力层详细选型

1.3.8.1 地基各土层性质评价

①填土层，性质差、杂，不宜利用；②硬壳层，性质一般，不宜选用为浅基础持力层；③淤泥质土层，为滨海湖沼相沉积，性质差，压缩性高，工程性质差；⑤₁淤泥质粉质黏土层；⑤₂（淤泥质）黏土层；⑨粉质黏土层；⑪黏土层为浅海相或滨海相沉积，性质差，压缩性较高；⑫₁粉质黏土层性质一般；⑩₂、⑩₃、⑫₂砂层性质一般，不宜作为较大荷载下的桩端持力层；⑩₄圆砾层性质较好，但分布不均匀，层厚变化大，局部缺失，不宜作为较大荷载下的桩基桩端持力层；基岩层中⑲₃、⑲₃₂中风化蚀变安山玢岩（蚀变安山岩）层及⑲₄微风化蚀变安山玢岩（蚀变安山岩）层性质较好，可选用为大荷载作用下的桩基桩端持力层。

1.3.8.2 基础方案与桩端持力层的选择

拟建建筑为带大底盘地下室多塔楼高层建筑，且设有一层地下室。基底土层一般位于③₁淤泥质粉质黏土层，因基底压力大，显然不适宜直接采用天然基础，建议使用桩基础。加之地面以下 35 m 内大部分为软弱土层，能提供的桩侧阻力较小，为提高桩的承载力，建议采用钻孔灌注桩，以充分发挥桩端承载力。

主楼区域荷载大，建议工程桩可采用以⑲₃₁中风化蚀变安山玢岩（蚀变安山岩）、⑲₃₂中风化强蚀变安山玢岩（蚀变安山岩）或⑲₄微风化蚀变安山玢岩（蚀变安山岩）为桩基桩端持力层。

纯地下室区域荷载较小，主要以抗拔荷载为主。建议工程桩可采用以⑲₂₁强风化蚀变安山玢岩（蚀变安山岩）、⑲₂₂强风化夹中风化蚀变安山玢岩（蚀变安山岩）、⑲₃₁中风化蚀变安山玢岩（蚀变安山岩）、⑲₃₂中风化强蚀变安山玢岩（蚀变安山岩）或⑲₄微风化蚀变安山玢岩（蚀变安山岩）为桩基桩端持力层。

1.3.8.3 单桩竖向承载力估算

当采用钻孔灌注桩时，以⑲₂₁强风化蚀变安山玢岩（蚀变安山岩）、⑲₂₂强风化夹中风化蚀变安山玢岩（蚀变安山岩）、⑲₃₁中风化蚀变安山玢岩（蚀变安山岩）、⑲₃₂中风化强蚀变安山玢岩（蚀变安山岩）或⑲₄微风化蚀变安山玢岩（蚀变安山岩）为桩基桩端持力层。依据《建筑地基基础设计规范》（GB 50007—2011）及《建筑桩基技术规范》（JGJ 94—2008）的相关规定，对以其单桩竖向承载力特征值及抗拔力特征值进行估算，估算如下表 1.7 所示。

竖向抗压计算如式（1.1）所示：

$$R_a = u \sum q_{sia}l_i + q_{pa}A_p \tag{1.1}$$

竖向抗拔计算如式（1.2）所示：

$$R'_a = u \sum \lambda_1 q_{sin} l_i \tag{1.2}$$

式中：

R_a——单桩竖向承载力特征值；

R'_a——单桩抗拔承载力特征值；

q_{pa}——桩端阻力特征值；

A_p——桩底端横截面面积；

u——桩身周边长度；

q_{sia}——桩侧摩阻力特征值；

l_i——第 i 层岩土的厚度；

λ_i——基桩抗拔系数。

表 1.7　钻孔灌注桩单桩竖向承载力特征值估算

考虑孔位	桩端持力层	桩端进入持力层深度（m）	桩径 d（mm）	有效桩长 l_0（m）	单桩竖向承载力特征值 R_a（kN）	单桩竖向抗拔力特征值 R_a'（kN）
Z50 （1号楼）	⑲₃₁	1.5	φ700	39.5	2500	1150
			φ800	39.5	3000	1300
Z34 （2号楼）	⑲₃₁	1.5	φ700	40.0	2450	1150
			φ800	40.0	2950	1350
Z04 （3号楼）	⑲₃₁	1.5	φ700	41.9	2750	1320
			φ800	41.9	3300	1500
Z11 （3号楼）	⑲₃₂	1.5	φ700	48.6	3300	1800
			φ800	48.6	3890	2000
Z29 （4号楼）	⑲₃₁	1.5	φ700	38.8	2450	1110
			φ800	38.8	2970	1250
Z01 （5号楼）	⑲₃₁	1.5	φ700	41.5	3000	1470
			φ800	41.5	3590	1680
Z53 （6号楼）	⑲₃₁	1.5	φ600	46.0	2300	/
Z14 （地下室）	⑲₂₁	2.0	φ600	35.1	1100	630
	⑲₃₂	1.5	φ600	40.1	2200	1000
Z40 （地下室）	⑲₂₁	1.5	φ600	38.3	1250	700
	⑲₃	1.5	φ600	45.3	1950	920

注：①有效桩长中，有地下室区域自现状地面下 5 m 起算，无地下室区域自现状地面起算。

②表中单桩竖向特征值 R_a 取值未考虑桩身强度影响。

③按相关规范要求，单桩承载力最终应由现场静载荷试验确定。

1.3.9　地下室相关评价

1.3.9.1　地下室的抗浮评价

根据本工程场地的地理位置，结合场地地下水性质和地层情况分析，由于本工程场地浅部土层含水层主要为①填土层及②₂黏质粉土层。因此，场地地下水蕴水量较一般。本次详勘期间测得地下潜水水位埋深在 0.20 ~ 2.70 m，相当于 85 国家高程（复测高程）1.15 ~ 3.78 m。地下水水位总体埋深较浅。

本工程设有一层地下室，预计埋深约 5 ~ 6 m。地下室结构大部分处于地下水位以下，且大部份地下室部位无上盖建筑。由此可判断在基础施工期间地下室将一直处于受浮状态；在项目竣工、交付使用时期，地下室大部分也将一直处于受浮状态。由此需要采用必要的抗浮措施，建议采用工程桩抗浮。

地下室施工期间的临时抗浮设防水位应考虑地面排水条件，建议采用施工现场平均地面高程。永久性抗浮设防水位建议按本工程建成后室外地坪设计标高下 0.5 m 考虑。

1.3.9.2　基坑支护与开挖评价

本工程设有一层地下室，埋深 5 ~ 6 m。基坑开挖深度范围内受基坑开挖影响的坑壁土层一般为①松散状的填土层、②₁软塑—可塑状的粉质黏土层、②₂稍密状的黏质粉土层、③₁流塑状的淤泥质粉质黏土层、基底土层为③1 流塑状的淤泥质粉质黏土层。

①填土层工程性质差，开挖后土体自稳定性差，土体渗透系数较大；②₁软塑—可塑状的粉质黏土层性质一般，土体渗透系数较差，开挖后在地下水水位以上的土体自稳定性一般；②₂稍密状的黏质粉土层性质较差，土体渗透系数一般，开挖后在地下水水位以上的土体自稳定性一般，地下水水位以下土体受渗流力作用，土体自稳定性差。③₁流塑状的淤泥质粉质黏土性质差，土体渗透系数差，开挖后的土体自稳定性差。

鉴于基坑大部分的坑壁土体在侧壁开挖条件下自稳性较差，除①填土层、②₂黏质粉土层外其他地层渗透性较差，加之场地地下水水位较高，基坑开挖时应做好截排水及围护措施。可采用坑内管井降水结合坑内集水井排水措施。鉴于②₂黏质粉土层土体渗透系数一般，预估井点降水效果不佳，且需有一个较长时间段后才能降低其水位。综合周边情况，建议降排水措施采用以坑外帷幕止水、坑内降水的技术措施。

拟建项目地下室基坑周边的建（构）筑物较多。场地西侧为现状河道（其距离拟建地下室边线约 20 m），东侧为现状住宅小区（其距离拟建地下室边线约 12 m），北侧为学校办公教学楼（其距离拟建地下室边线约 40 m），南侧为现状学校宿舍楼（其距离拟建地下室边线约 30 m）。

应注意基坑开挖对邻近在建及拟建的建（构）筑物的影响。建议基坑支护体系可采用钻孔桩排桩或 SMW 工法桩（墙）加钢筋混凝土内支撑支护。同时在基坑周边设置监测点，加强对基坑支护及周围道路、建（构）筑物的动态监测，同时严防挖机对工程桩基和抗浮构件的破坏。

1.3.9.3　地下室基坑支护设计所需岩土设计参数

地下室基坑支护设计相关岩土参数建议值，如表 1.8 所示。

表 1.8　地下室基坑支护设计相关岩土参数建议值

土层编号	岩土名称	湿重度 kN/m³	抗剪强度指标		渗透系数	
			凝聚力 （kPa）	内摩擦角 （度）	竖向渗透系数 （10^{-6}/cm/s）	水平渗透系数 （10^{-6}/cm/s）
①₁	杂填土	(18.0)	(8.0)	(14.0)	(50.0)	
①₂	素填土	(17.5)	(10.0)	(10.0)		
①₃	淤泥质填土	(16.8)	(5.0)	(1.0)		
②₁	粉质黏土	19.2	19.0	15.0	(0.1)	(1.0)
②₂	黏质粉土	19.1	7.0	24.0	8.0	12.0
③₁	淤泥质粉质黏土	18.1	11.0	10.0	(0.1)	
③₂	淤泥质粉质黏土夹粉土	17.6	10.0	10.0		
⑤₁	淤泥质粉质黏土	17.6	11.0	12.0		
⑤₂	黏土	17.5	14.0	9.0		

注：①表列抗剪强度指标系根据实验室直剪固快指标、三轴 UU、CU 指标并结合工程经验综合得出。

　　②表列中带括号数据为经验数据。

1.3.10　基础施工中的岩土工程问题分析

（1）本工程若采用钻孔桩为基础型式：鉴于场地填土层分布较厚，渗透系数较大，容易在该层中产生漏浆现象，建议增加护筒埋设深度，确保不在填土层产生漏浆。

（2）鉴于场地底部基岩层中存在强夹中等风化岩层，在具体钻孔桩钻进过程中，会出现钻进速度与进入中等风化岩层时相近，且钻孔中返回的岩样也会出现中风化岩块的岩样（强风化层在缓慢钻进过程中大部分会磨成类泥浆状）的现象。此时应根据地质剖面及桩机钻进情况等多方面因素综合判断。中风化岩层风化程度变化大，且岩面埋深存在一定差异［尤其是在⑲₃ 中风化蚀变安山玢岩（蚀变安山岩）与⑲₃₂ 中风化强蚀变安山玢岩（蚀变安山岩）交界处］，在具体施工时，宜加强现场工作，确保进入桩端持力层。同时，在施工过程中应注意调整泥浆比重，避免出现坍孔现象或颈缩现象，保证工程桩的完整性。

（3）由于地下水位较高，地下室施工时建议采用坑内管井降水结合坑内集水井排水措施。拟建地下室施工过程中应充分考虑周边环境因素，在基坑开挖过程中应合理安排施工顺序，加强监测工作，以避免对周边的已建的建（构）筑物基础产生不利影响。

（4）鉴于本工程桩基础工程一般均位于场地红线范围内，且钻孔灌注桩为非挤土桩型，因此，对桩周边土体的孔隙水压力影响小，对周边建筑的工程影响小。

但由于钻孔桩施工需要连续作业，虽然施工震动一般较小，但在施工过程中会发出较大的噪声。无特殊情况时,一般要适当控制夜间施工的时间,并做好相关审批工作。

1.3.11　结论与建议

(1) 本次详勘根据业主要求实施。在勘察场地范围内详细查明了场地工程地质条件,可作为详细设计阶段的依据。

(2) 根据原初勘成果,拟建场地为稳定场地,本场地适宜本工程建设。

本工程场地浅部分布的稍密状的②₂黏质粉土在一定渗透压力作用下易产生流土或管涌现象,对本工程基础的施工会产生不利影响,属本工程场地主要不良地质作用,应引起重视。可采用工程降水、减小水头差等有效的施工措施加以防范。

本工程场地偶有存在的①₃淤泥质填土。该层含水量高,承载力低,在荷载作用下,易变形,亦为本场地的不良地质作用,可采用换填法处理。

本工程场地浅部分布的③流塑状淤泥质粉质黏土层、⑤流塑状淤泥质黏性土层构成了本工程的特殊岩土,为滨海相或浅海相沉积层,系软土地层。具低强度、高压缩性,具灵敏度,在荷载作用下会出现蠕触变性。

(3) 本工程所在区域抗震设防烈度为 6 度,设计基本地震加速度值为 0.05 m/s²,设计地震分组为第一组。本工程场地土类型为软弱场地土,建筑场地类别为Ⅲ类。本场地属对建筑抗震不利地段。

(4) 在本次详勘深度范围内对工程有影响的地下水类型属松散孔隙型潜水,其主要赋存于①填土层及②₂黏质粉土层中。本次详勘期间测得地下潜水水位埋深在 0.20~2.70 m,相当于 85 国家高程(复测高程)1.15~3.78 m。

潜水补给途径主要为大气降水补给,排泄途径以蒸发为主,水位动态随季节性变化,年水位变幅为 1~2 m。

场地潜水对混凝土有微腐蚀性;在干湿交替环境条件下对钢筋混凝土结构中的钢筋有微腐蚀性;在长期浸水环境条件下对钢筋混凝土结构中的钢筋有微腐蚀性;场地浅部土层对砼及砼中钢筋的腐蚀性视同潜水的腐蚀性。

根据区域资料,本地区承压水的水头为 1.0~1.5 m [85 国家(复测高程)],位于基坑影响范围内,但鉴于承压含水层上部的隔水层层厚达 30 m 以上,且本工程拟建地下室仅一层,承压水对本工程建设影响较小。

(5) 对于拟建工程,结合荷载水平、地质条件及周边环境,建议主楼部位采用以⑲₃₁中风化蚀变安山玢岩(蚀变安山岩)、⑲₃₂中风化强蚀变安山玢岩(蚀变安山岩)或⑲₄微风化蚀变安山玢岩(蚀变安山岩)为桩端持力层的钻孔灌注桩。

建议纯地下室部位采用以⑲₂₁强风化蚀变安山玢岩(蚀变安山岩)、⑲₂₂强风化夹中风化蚀变安山玢岩(蚀变安山岩)、⑲₃₁中风化蚀变安山玢岩(蚀变安山岩)、⑲₃₂中风化强蚀变安山玢岩(蚀变安山岩)或⑲₄微风化蚀变安山玢岩(蚀变安山岩)为桩基桩端持力层。

鉴于场地底部基岩层中存在强夹中等风化岩层,在具体钻孔桩钻进过程中,会出现钻进速度与进入中等风化岩层时相近,且钻孔中返回的岩样也会出现中风化岩块的岩样(强风化层在缓慢的钻进过程中大部分会磨成类泥浆状)的现象。此时应根据地质剖面及桩机钻进情况等多方面因素综合判断。中风化岩层风化程度变化大，且岩面埋深存在一定差异（尤其是在⑲$_{31}$中风化蚀变安山玢岩（蚀变安山岩）与⑲$_{32}$中风化强蚀变安山玢岩（强蚀变安山岩）交界处），在具体施工时，宜加强现场工作，确保进入桩端持力层。同时在施工过程中应注意调整泥浆比重，避免出现坍孔现象或颈缩现象，保证工程桩的完整性。

（6）本工程桩基础工程一般均位于场地红线范围内，且钻孔灌注桩为非挤土桩型，因此，对桩周边土体的孔隙水压力影响小，对周边建筑的工程影响小。但由于钻孔桩施工需要连续作业，虽然施工震动一般较小，但在施工过程中会发出较大的噪声。无特殊情况时，一般要适当控制夜间施工的时间，并做好相关审批工作。

（7）单桩承载力最终应由现场静载荷试验确定。工程施工前宜先进行试成桩，并对试成桩按现行规范进行单桩竖向抗拔及抗压静载荷试验，以最终确定桩基承载力，为设计提供确切依据。

（8）基桩施工及基坑开挖施工时，请及时通知勘察单位参加试桩、地基验槽等工作。

训 练 一

根据岩土勘察报告实例提供的岩土勘察报告，完成以下任务。

1. 根据地基土物理力学指标设计参数表，判断各土层的压缩性。

2. 根据原位测试动力触探锤击数判断各土层的密实度。

3. 若工程采用钻孔灌注桩，桩径 800 mm，承台底标高 0.7 m，分别以 $⑲_{31}$、$⑲_{32}$、$⑲_4$ 层为持力层，要求进入持力层的深度为 1.5 m，确定各勘探孔位置处钻孔灌注桩的单桩承载力特征值。

4. 根据场地中各土层性状的文字描述，确定以上钻孔灌注桩的入岩标准。

5. 已知承台底面统一标高为 2 m，需在勘探孔位置打入型号为 PC-500（100）的预应力管桩，要求进入持力层 $⑩_1$、$⑩_2$、$⑩_3$、$⑩_4$ 的深度不小于 2 d，根据工程地质剖面图（图 1.2、1.3、1.4、1.5、1.6、1.7），计算勘探孔位置处的桩长并确定配料单。

6. 若水准仪水平视线标高为 5 m，在任务 5 中任选一根桩，详细说明管桩在压入过程中，如何准确控制桩顶标高。

第二章

地基验槽

【知识目标】
    （1）掌握地基验槽的目的与内容。
    （2）了解地基验槽的方法。
    （3）了解土样野外简单鉴别方法。
【能力目标】
    （1）能简单进行地基验槽工作，并正确填写地基验槽记录表。
    （2）能简单鉴别常见土的种类。

2.1　验槽的目的与内容

验槽是建筑物施工第一阶段基槽开挖后的重要工序，也是岩土工程勘察工作的最后一个环节。当施工单位将基槽开挖完毕后，由勘察、设计、施工、质检和监理（如未委托监理则由甲方担任）几个方面的技术负责人共同到施工现场进行验槽。

2.1.1　验槽的目的

（1）检验有限的钻孔与实际全面开挖的地基是否一致，勘察报告的结论与建议是否准确。

（2）根据基槽开挖实际情况，研究解决新发现的问题和勘察报告中遗留的问题。

2.1.2　验槽的内容

（1）核对基槽开挖平面位置、尺寸和槽底标高，是否与勘察、设计的要求相符。

（2）检验槽底持力层土质与勘查是否相符。参加验槽人员需沿槽底依次逐段检验，用铁铲铲出新鲜土面，用野外鉴别方法进行鉴别。

（3）当基槽土质显著不均匀或局部有古井、菜窖、坟穴时，可用钎探查明平面范围与深度。

（4）研究决定地基基础方案是否有必要修改或局部处理。

2.2　验槽的方法

验槽方法以肉眼观察或使用轻便器具以简便易行的方法为主。

2.2.1　观察验槽

观察验槽应重点注意柱基、墙脚、承重墙下受力较大部位。仔细观察基底土的结构、孔隙、湿度、含有物等，并与设计、勘察资料相比较，确定是否已挖到设计的土层。对于可疑之处应局部下挖检查。

2.2.2　夯、拍验槽

夯、拍验槽是用木夯、蛙式打夯机或其他施工工具对干燥的基坑进行夯、拍，从夯、拍声音判断土中是否存在土洞或墓穴。对潮湿和软土地基不宜夯、拍，以免破坏基底土层。对可疑迹象应用轻便勘探仪进一步调查。

2.2.3　轻便勘探验槽

轻便勘探验槽是用钎探、手持式螺旋钻、洛阳铲等对地基主要受力层范围的土层进行勘探，或对上述肉眼观察、夯或拍发现的异常情况进行探查。

2.2.3.1　钎探

用 Φ22 ~ 25 mm 的钢筋做钢钎，钎尖呈 60°锥状，长度 1.8 ~ 2.0 m，每 300 mm 做一刻度。钎探时，用质量为 4 ~ 5 kg 的穿心锤将钢钎打入土中，落锤高 500 ~ 700 mm，记录每打入 300 mm 的锤击数，据此可判断土质的软硬情况。

钎孔的平面布置和深度应根据地基土质的复杂程度和基槽形状、宽度而定。孔距一般取 1 ~ 2 m，对于较软弱的人工填土及软土，钎孔间距不应大于 1.5 m。如有发现洞穴等情况应加密探点，以确定洞穴的范围。钎孔的平面布置可采用中心一排、两排错开、梅花形。当条形基槽宽小于 0.8 m 时，钎探在中心打一排孔；槽宽大于 0.8 m，且小于 2 m，可打两排错开孔。钎孔的深度 1.2 ~ 2.1 m。钎探工作点布置可按照表 2.1 确定。

表 2.1　钎探工作点布置

基槽宽度（m）	排列方式	钎探深度（m）	钎探间距（m）
<0.8	中心一排	1.2	
0.8 ~ 2.0	两排错开	1.5	1.2 ~ 1.5，视地层复杂情况而定
>2.0	梅花形	2.1	

注：当持力层下埋藏有下卧砂层而承压水头高于基底时，不宜进行钎探，以免产生涌砂。

每一栋建筑物基坑（槽）钎探完毕后，要全面地逐层分析钎探记录，将锤击数显著过多和过少的钎孔在平面图上标出，以备重点检查。

2.2.3.2　手持式螺旋钻

手持式螺旋钻是一种小型的轻便钻具。钻头呈螺旋形，上接 T 形手把，由人力旋入土中，钻杆可接长，钻探深度一般为 6 m，在软土中可达 10 m，孔径约 70 mm。每钻入土中 300 mm（钻杆上有刻度）后将钻杆竖直拔出，根据附在钻头上的土了解土层情况。

2.2.3.3　洛阳铲

洛阳铲，又名探铲，为一半圆柱形的铁铲。一段有柄，可以接长的白蜡杆。使用时垂直向下戳击地面，可深逾 20 m，利用半圆柱形的铲可以将地下的泥土带出，并逐渐挖出一个直径十几厘米的探洞，用来探测地下土层的土质。

2.3　验槽时的注意事项

（1）应验看新鲜土面，清除回填虚土。冬季冻结表土或夏季日晒干土都是虚假状态，应将其清除至新鲜土面进行验看。

（2）槽底在地下水位以下距离较小时，可挖至水面验槽，验完槽再挖至设计标高。

（3）验槽要抓紧时间。基槽挖好后要立即组织验槽，以避免下雨泡槽、冬季冰冻等不良影响。

（4）验槽前一般需做槽底普遍打钎工作，以供验槽时用。

（5）当持力层下埋藏有下卧砂层且承压水头高于槽底时，不宜进行钎探，以免造成涌砂。

（6）验槽结束后应填写地基验槽记录（表2.2）。

表 2.2　地基验槽记录

工程名称：　　　　　　　　　　　　　　　　　　　　　　　工程编号：

工程部位		开挖时间	
验槽日期		完成时间	
项次	项目	验收情况	
1	地基形式（人工或天然）		
2	持力层土质和地耐力		
3	地基土的均匀、密度程度		
4	基底标高		
5	基槽轴线位移		
6	基槽尺寸		
7	地下水位标高及处理		
8	其他		
附图说明			

续表

施工单位意见：	监理单位意见：
项目经理： 项目技术负责人： 施工单位（公章）： 　　　　　　　年　月　日	总监理工程师： 监理单位（公章）： 　　　　　　　年　月　日

勘察单位意见：	设计单位意见：	建设单位意见：
项目负责人： 勘察单位（公章）： 　　年　月　日	结构专业负责人： 设计单位（公章）： 　　年　月　日	项目负责人： 建设单位（公章）： 　　年　月　日

2.4　验槽的局部处理

对验槽查出的局部与设计不符的地基，应根据不同情况妥善处理。下面是一些常见的地基局部处理方法。

2.4.1　墓坑、松土坑的处理

若坑的范围较小，应将坑中虚土挖除到坑底和四周见到老土为止，然后用与老土压缩性相近的材料回填夯实。如遇地下水位较高或坑内积水无法夯实时，可用砂、石分层夯实回填。

若坑的范围较大，而基槽因受到条件限制不能挖得过深以达到老土时，可将该范围内的基槽适当加宽。回填的材料和方法如同上述。

若坑在槽内所占的范围较大，且坑底土质与槽底相同，可将坑范围内的基础局部加深，做 1∶2 踏步与两端相接，每一步高度不大于 0.5 m、长度不小于 1 m。踏步数量根据坑深而定。

对于较深的松土坑，按上述原则处理基槽后，还应考虑适当加强上部结构的刚度，以抵抗可能产生的不均匀沉降；若局部软弱层很厚时，也可打短桩处理。总之，根据具体情况采用不同方法，原则是使基础不均匀沉降减少至容许范围之内。

2.4.2　土井或砖井的处理

当井位于槽的中部、井口填土较密实时，可将井的砖圈拆去1 m以上，用2∶8或3∶7灰土分层夯实回填至槽底。如井的直径大于1.5 m，土井挖至地下水面，每层铺0.2 m粗骨料，分层压实至槽底水平，上做钢筋混凝土梁（板）跨越砖井，也可在基础墙内配筋以增强基础的整体刚度。

若井位于基础的转角处，除采用上述的回填办法外，还应视基础压在井上的面积大小，采用从两端墙基中伸出挑梁，或将基础沿墙长方向向外延长出去，跨越井的范围，然后再在基础墙内采用配筋或加钢筋混凝土梁（板）的方法来加强。

2.4.3　管道穿过基础的处理

槽底下有管道时，最好能拆除管道，或将基础局部加深，使管道从基础之上通过。如管道必须埋于基础之下，则应采取防护措施，避免管道被基础压坏。

如管道在槽底以上穿过基础或基础墙时，应采取防漏措施，以免漏水侵湿地基，造成不均匀下沉。有管道通过的基础或基础墙，必须在管道的周围预留足够尺寸的孔洞。管道的上部预留的空隙应大于房屋预估的沉降量，以保证建筑物产生沉降后不致引起管道变形或损坏。

2.4.4　"橡皮土"的处理

当地基为含水量很大甚至趋于饱和的黏性土时，夯打会破坏土的天然结构，使地基变成所谓的"橡皮土"。故要避免直接夯打，而应采用晾槽或掺石灰末的办法减小土的含水量，然后再根据具体情况选择施工方法及基础类型。如地基已发生了所谓的"橡皮土"现象，则应采取措施，如把已受扰动部分的表土清除至硬底为止。如果不能完全清除干净，则应将碎石或卵石打入将泥挤净，或铺撒吸水材料（如干土、碎砖、生石灰等）和采取其他有效措施进行处理。如施工中不慎扰动了基底土，则应设法补救。对于湿度不大的土，可做表面夯实处理；对于软黏土，需掺入砂、碎石或碎砖才能夯打，或将扰动的土清除，另填好土夯实。

2.4.5　局部范围有硬土（或硬物）的处理

当基槽下发现有部分比其邻近的地质坚硬得多的土质（或硬物）时，如槽下遇到基岩、旧墙基、大树根和压实的路面等，均应尽量挖除，以防较大的不均匀沉降，导致建筑物开裂。若硬物不易挖除时，应考虑加强上部结构的刚度。

在地基验槽的过程中除了会遇到上述情况外，还会遇到许多复杂的问题。例如，基槽中段软弱两端坚实、槽底严重倾斜、暖气沟或电缆沟斜贯基槽、邻近建筑物基础凸入基槽、槽底有钢筋混凝土化粪池、部分基槽杂填土很深、腐蚀性化学物质污染基槽、河流通过基槽局部淤泥层很深及基槽积水泡软持力层等意想不到的问题。为了保证工程安全，防止工程事故的发生，必须对验槽过程中发现的问题进行妥善处理。

2.5　土样野外鉴别方法

　　在勘探过程中取得的土样，必须及时用肉眼鉴别，初步确定土的名称、颜色、状态、湿度、密度、含有物、工程地质特征等，作为划分土层，进行工程地质分析和评价的依据。

　　野外鉴别地基土要求快速，且无仪器设备，主要凭感觉和经验。对碎石土和砂土的鉴别，可利用日常熟悉的食品，如绿豆、小米、砂糖、玉米面的颗粒作为标准，进行对比鉴别。

2.5.1　土的鉴别和定名

　　土的鉴别和定名是描述土样工作的主要内容，正确的定名可以反映土的基本性质。但是，自然界中土的种类很多，光有一个简单定名，往往不能全面地反映土的真实情况。如黏性土，由于沉积年代不同，有的沉积年代较早，得到了充分的固结，具有较高的结构强度；而沉积年代较晚的黏性土，其固结度与结构强度均要差些。应在其定名前冠以沉积年代或地质成因，如第四纪晚更新世（Q3）及以前沉积的黏性土应定名为 "Q3 黏性土或老黏性土"；第四纪全新世（Q4）中近期沉积的黏性土应定名为 "Q4 新近沉积黏性土"；或冠以成因类型，如 "冲积黏性土" 等。

　　土是第四纪（Q）以来天然堆积的或由生物化学作用而形成的尚未固结成岩的松、软堆积物，按其地质成因分为残积土、坡积土、洪积土、冲积土、淤积土、冰积土和风积土等。

　　土根据有机质含量可分为以下几种类型（表 2.3）。

表 2.3　按有机质含量分类的几种土类型

分类名称	有机质含量 W_u	现场鉴别特征	说明
无机土	$W_u < 5\%$		
有机质土	$5\% \leqslant W_u \leqslant 10\%$	深灰色，有光泽，味臭，除腐殖质外尚含少量未完全分解的动植物体，浸水后水面出现气泡，干燥后体积收缩	①如现场能鉴别或有地区经验时，可不做有机质含量测定；②当 $\omega > \omega_L$，$1.0 \leqslant e < 1.5$ 时称为淤泥质土；③当 $\omega > \omega_L$，$e \geqslant 1.5$ 时称为淤泥
泥炭质土	$10\% < W_u \leqslant 60\%$	深灰色或黑色，有腥臭味，能看到未完全分解的植物结构，浸水体胀，易崩解，有植物残渣浮于水中，干缩现象明显	可根据地区特点和需要按 W_u 细分为：弱泥炭质土（$10\% < W_u \leqslant 25\%$）、中泥炭质土（$25\% < W_u \leqslant 40\%$）、强泥炭质土（$40\% < W_u \leqslant 60\%$）
泥炭	$W_u > 60\%$	除有泥炭质土特征外，结构松散，土质很轻，暗无光泽，干缩现象极为明显	

2.5.1.1　碎石土

碎石土是指粒径大于 2 mm 的颗粒含量超过全重 50% 的土。根据其粒组含量和颗粒形状分为漂石、块石、卵石、碎石、圆砾和角砾，如表 2.4 所示。

表 2.4　碎石土分类

名称	颗粒形状	颗粒级配
漂石	圆形及亚圆形为主	粒径大于 200 mm 的颗粒含量超过全重 50%
块石	棱角形为主	
卵石	圆形及亚圆形为主	粒径大于 20 mm 的颗粒含量超过全重 50%
碎石	棱角形为主	
圆砾	圆形及亚圆形为主	粒径大于 2 mm 的颗粒含量超过全重 50%
角砾	棱角形为主	

注：定名时应根据颗粒级配由大到小以最先符合者确定。

2.5.1.2　砂土

砂土是指粒径大于 2 mm 的颗粒含量不超过全重 50% 、粒径大于 0.075 mm 的颗粒超过全重 50% 的土。根据其粒组含量分为砾砂、粗砂、中砂、细砂和粉砂，如表 2.5 所示。

表 2.5　砂土分类

名称	颗粒级配
砾砂	粒径大于 2 mm 的颗粒含量占全重 25%~50%
粗砂	粒径大于 0.5 mm 的颗粒含量超过全重 50%
中砂	粒径大于 0.25 mm 的颗粒含量超过全重 50%
细砂	粒径大于 0.075 mm 的颗粒含量超过全重 85%
粉砂	粒径大于 0.075 mm 的颗粒含量超过全重 50%

注：定名时应根据颗粒级配由大到小以最先符合者确定。

2.5.1.3　粉土

粉土为介于砂土与黏性土之间，塑性指数 $I_p \leqslant 10$，且粒径大于 0.075 mm 的颗粒含量不超过全重 50% 的土。粉土分类按《建筑地基基础设计规范》（DB33/T 1001—2003）确定，如表 2.6 所示。

表 2.6　粉土分类

名称	粒组含量	塑性指数
黏质粉土	粒径小于 0.005 mm 的颗粒含量超过全重的 10%	$7 < I_P \leqslant 10$
砂质粉土	粒径小于 0.005 mm 的颗粒含量不超过全重的 10%	$I_P \leqslant 7$

2.5.1.4 黏性土

黏性土是指塑性指数 $I_P > 10$ 的土。根据其塑性指数可分为黏土和粉质黏土，如表 2.7 所示。

表 2.7　黏性土分类

分类名称	塑性指数
黏土	$I_P > 17$
粉质黏土	$10 < I_P \leqslant 17$

注：塑性指数由相应于 76 g 圆锥仪沉入土中深度为 10 mm 时测定的液限计算而得。

2.5.1.5 人工填土

人工填土是指由于人类活动而堆填的土。根据其组成和成因，可分为素填土、压实填土、杂填土、冲填土。

素填土为由碎石土、砂土、粉土、黏性土等一种或几种材料组成，不含杂物或含杂物很少的填土。经过压实或夯实的素填土为压实填土。杂填土为含有建筑垃圾、工业废料、生活垃圾等杂物的填土。冲填土为由水力冲填泥砂形成的填土。

2.5.1.6 特殊性土

特殊性土在特定的地理环境、气候等条件下形成，具有特殊的工程性质，如软土、红黏土、湿陷性黄土、膨胀土等。

软土为天然孔隙比大于或等于 1.0，天然含水量大于液限的细粒土，包括淤泥、淤泥质土、泥炭、泥炭质土等。

淤泥是在静水或缓慢的流水环境中沉积，并经生物化学作用形成，天然含水量大于液限，天然孔隙比 ≥1.5 的黏性土。当天然含水量大于液限，天然孔隙比 $1.0 \leqslant e < 1.5$ 时为淤泥质土。含有大量未分解的腐殖质、有机质含量 >60% 的土为泥炭。有机质含量 ≥10% 且 ≤60% 的土为泥炭质土。

2.5.2 土的描述

对土的主要描述应包括针对影响工程性质的，反映土的组成、结构、构造和状态等主要特征的内容。因此，对于各种不同的土，描述的侧重点也应有所不同。

2.5.2.1 碎石土的描述

碎石土应描述颗粒级配、颗粒形状、颗粒排列、母岩成分、分化程度、充填物的性质和充填程度、密实度等。

当碎石土有充填物时，应描述充填物的成分，并确定充填物的土类并估计其含量的百分比。如果没有充填物时，应研究其孔隙的大小、颗粒间的接触是否稳定等现象。

　　碎石土还应描述其密实度。密实度是反映土颗粒排列的紧密程度，越是紧密的土，其强度大，结构稳定，压缩性小；紧密程度小，则工程性质就相应要差。一般碎石土的密实度按重型动力触探锤击数可分为松散、稍密、中密、密实 4 种（表 2.8），其野外鉴别方法如表2.9 所示。

表 2.8　碎石土密实度分类

密实度	松散	稍密	中密	密实
重型动力触探锤击数 $N_{63.5}$	$N_{63.5} \leq 5$	$5 < N_{63.5} \leq 10$	$10 < N_{63.5} \leq 20$	$N_{63.5} > 20$

　　注：本表适用于平均粒径小于或等于 50 mm，且最大粒径不超过 100 mm 的卵石、碎石、圆砾、角砾；
　　　　对于平均粒径大于 50 mm，或最大粒径大于 100 mm 的碎石土，可用野外观察鉴别。

表 2.9　碎石土密实度野外鉴别方法

密实度	骨架颗粒含量和排列	可挖性	可钻性
松散	骨架颗粒含量小于总重的 55%，排列十分混乱，绝大部分不接触	锹易挖掘，井壁极易坍塌	钻进很容易，冲击钻探时，钻杆无跳动，孔壁极易坍塌
稍密	骨架颗粒含量等于总重的 55%~60%，排列混乱，大部分不接触	锹可以挖掘，井壁易坍塌，从井壁取出大颗粒后，砂土立即塌落	钻进较容易，冲击钻探时，钻杆稍有跳动，孔壁易坍塌
中密	骨架颗粒含量等于总重的 60%~70%，且交错排列，大部分接触	锹镐可挖掘，井壁有掉块现象，井壁取出大颗粒处能保持颗粒凹面形状	钻进较困难，冲击钻探时，钻杆、吊锤跳动不剧烈，孔壁有坍塌现象
密实	骨架颗粒含量大于总重的 70%，且交错排列，连续接触	锹镐挖掘困难，用撬棍方能松动，井壁一般较稳定	钻进极困难，冲击钻探时，钻杆、吊锤跳动剧烈，孔壁较稳定

　　注：①骨架颗粒是指表 2.4 碎石土分类中相对应粒径的颗粒。
　　　　②碎石土的密实度应按表列各项要求综合确定。

2.5.2.2　砂土的描述

　　砂土应描述颜色、矿物组成、颗粒级配、颗粒形状、粘粒含量、湿度、密实度等。

　　砂土的密实度按标准贯入试验锤击数可分为松散、稍密、中密、密实 4 种，如表 2.10所示。

表 2.10　砂土密实度分类

密实度	松散	稍密	中密	密实
标准贯入试验锤击数 N	$N \leq 10$	$10 < N \leq 15$	$15 < N \leq 30$	$N > 30$

砂土的野外鉴别方法仅供参考，其特征如表 2.11 所示。

表 2.11　砂土的野外鉴别方法

砂土分类	鉴别特征			
	颗粒粗细	干燥时状态	湿润时用手拍的状态	黏着程度
砾砂	约有 1/4 以上的颗粒比荞麦或高粱大	颗粒完全分散	表面无变化	无黏着感
粗砂	约有一半以上的颗粒比小米粒大	颗粒仅有个别有胶结	表面无变化	无黏着感
中砂	约有一半以上的颗粒与砂糖颗粒、菜籽颗粒近似	颗粒基本分散，部分胶结，一碰即散	表面偶有水印	无黏着感
细砂	大部分颗粒与玉米面近似	颗粒少量胶结，稍加碰击即散	表面水印（翻浆）	偶有轻微黏着感
粉砂	大部分颗粒近似面粉	颗粒大部分胶结稍压即散	表面有显著翻浆现象	有轻微无黏着感

砂土应描述其粒径和含量的百分比、颗粒的主要矿物成分及有机质和包含物。当含大量有机质时，土呈黑色；含量不多时，土呈灰色。氧化铁含量多时，土呈红色；含量少时，土呈黄色或橙黄色；含 SiO_2、$CaCO_3$ 及 $Al(OH)_3$ 和高岭土时，土常呈白色或浅色。

2.5.2.3　粉土的描述

粉土应描述颜色、包含物、湿度、密实度、摇震反应、光泽反应、干强度、韧性等。

粉土的密实度应根据孔隙比 e 分为密实、中密、稍密 3 种（表 2.12）。其湿度应根据天然含水量 ω 分为稍湿、湿、很湿 3 种，如表 2.13 所示。

表 2.12　粉土密实度分类

密实度	密实	中密	稍密
孔隙比 e	$e < 0.75$	$0.75 \leq e \leq 0.90$	$e > 0.9$

注：当有经验时，也可用原位测试或其他方法划分粉土的密实度。

表 2.13　粉土湿度分类

湿度	稍湿	湿	很湿
天然含水量 ω（%）	$\omega < 20$	$20 \leq \omega \leq 30$	$\omega > 30$

2.5.2.4　黏性土的描述

黏性土的野外鉴别可按其湿润时用刀切的状态、用手捏时的感觉、黏着程度和搓条情况，将黏性土分为黏土、粉质黏土，如表 2.14 所示。

表 2.14　黏性土的野外鉴别方法

黏性土分类	鉴别特征			
	湿润时用刀切的状态	用手捻时的感觉	黏着程度	湿土搓条情况
黏土	切面很光滑，刀刃有黏腻的阻力	湿土用手捻摸有滑腻感，当水分较大时，极为黏手，感觉不到有颗粒的存在	湿土极易黏着物体（包括金属与玻璃），干燥后不易剥去，用水反复洗才能去掉	能搓成直径小于 1 mm 的土条（长度不短于手掌），手持一端不致断裂
粉质黏土	稍有光滑面，切面规则	仔细捻时能感觉到有少量细颗粒，稍有滑腻感，有黏滞感	能黏着物体，干燥后易剥掉	能搓成直 2~3 mm 的土条

黏性土应描述其颜色、状态、包含物、光泽反应、摇震反应、干强度、韧性、土层结构等。在描述颜色时应注意其副色，一般记录时应将副色写在前面，主色写在后面，如"黄褐色"，表示以褐色为主，以黄色为副。黏性土的状态是指其在含有一定量的水分时，所表现出来的黏稠稀薄不同的物理状态，说明了土的软硬程度，反映了土的天然结构受破坏后，土粒之间的联结强度及抵抗外力所引起的土粒移动的能力。土的状态根据液性指数可分为坚硬、硬塑、可塑、软塑、流塑 5 种状态，如表 2.15 所示。

表 2.15　黏性土状态分类

状态	坚硬	硬塑	可塑	软塑	流塑
液性指数 I_L	$I_L \leqslant 0$	$0 < I_L \leqslant 0.25$	$0.25 < I_L \leqslant 0.75$	$0.75 < I_L \leqslant 1$	$I_L > 1$

2.5.2.5　特殊性土的描述

特殊性土除应描述上述相应土类规定的内容外，还应描述其特殊成分和特殊性质；如对淤泥还需描述嗅味，对填土应描述其物质成分、堆积年代、密实度和厚度的均匀程度等。人工填土与淤泥质土的野外鉴别如表 2.16 所示。

表 2.16　人工填土与淤泥质土的野外鉴别方法

鉴别方法	人工填土	淤泥质土
颜色	没有固定颜色，主要决定于夹杂物	灰黑色有臭味
夹杂物	一般含砖瓦砾块、垃圾、炉灰等	池沼中有半腐朽的细小动植物遗体，如草根、小螺壳等
构造	夹杂物质显露于外，构造无规律	构造常为层状，但有时不明显
浸入水中的现象	浸水后大部分物质变为稀软的淤泥，其余部分则为砖瓦炉灰渣，在水中单独出现	浸水后外观无明显变化，在水面有时出现气泡

鉴别方法	人工填土	淤泥质土
湿土搓条情况	一般情况能搓成 3 mm 的土条，但易折断，遇有灰砖杂质甚多时，即不能搓条	能搓成 3 mm 的土条，但易折断
干燥后的强度	干燥后部分杂质脱落，固无定性形。稍微施加压力即行破碎	干燥体积缩小，强度不大，锤击时成粉末，用手指能搓散

训 练 二

　　在进行基槽开挖的施工现场，将学生分成若干小组。学生在指导老师和现场工程技术人员的指导下，参与地基验槽工作。完成后，整理资料，每组提交一份地基验槽记录表，同时每人提交一份地基验槽工作心得。

第三章

柱下低桩承台基础

【知识目标】

（1）熟悉桩基础的受力特点。

（2）掌握桩基础的构造要求。

【能力目标】

（1）能正确识读桩基础施工图。

（2）能进行简单的桩基础设计计算。

3.1　桩基础设计要求和步骤

3.1.1　设计要求

桩基础的设计必须做到结构安全、技术可行和经济合理，具体而言，桩基的设计应满足3个方面的要求。

（1）在外荷载作用下，桩与地基之间的相互作用能保证有足够的竖向（抗压或抗拔）或水平承载力。

（2）桩基的沉降（或沉降差）、水平位移及桩身挠曲在容许范围内。

（3）应考虑技术上和经济上的合理性与可行性。

3.1.2　设计步骤

一般桩基础设计按下列步骤进行。

（1）调查研究、收集相关的设计资料。

（2）根据岩土工程勘察资料、荷载、上部结构的条件要求等确定桩基持力层。

（3）选定桩材、桩型，初定桩长、桩径、承台厚度及埋置深度。

（4）确定单桩承载力。

（5）根据上部结构及荷载情况，初拟桩的数量，确定桩位布置及承台面积。

（6）桩基础验算。

（7）桩身结构设计。

（8）承台结构设计。

（9）绘制桩基施工图。

3.2　桩基础构造要求

3.2.1　桩和桩基的构造

（1）桩的中心距。摩擦型桩的中心距不宜小于桩身直径的3倍；扩底灌注桩的中心距不宜小于扩底直径的1.5倍，当扩底直径大于2 m时，桩端净距不宜小于1 m。

在确定桩距时尚应考虑施工工艺中挤土等效应对邻近桩的影响。

（2）桩端全断面进入持力层的深度应根据地质条件、荷载及施工工艺确定，宜为桩身直径的1~3倍。嵌岩灌注桩周边嵌入完整和较完整的未风化、微风化、中风化硬质岩体的最小深度，不宜小于0.5 m。

（3）布置桩位时宜使桩基承载力合力点与竖向永久荷载合力作用点重合。

（4）设计使用年限不少于 50 年时，在非腐蚀环境中预制桩的混凝土强度等级不应低于 C30、灌注桩不应低于 C25、预应力桩不应低于 C40。设计使用年限不少于 100 年的桩，桩身混凝土强度等级宜适当提高。

（5）桩的主筋应经计算确定。锤击式预制桩的最小配筋率不宜小于 0.8%；静压预制桩的最小配筋率不宜小于 0.6%；灌注桩最小配筋率不宜小于 0.20% ~0.65%（小直径桩取大值）。按桩直径：小桩，$d \leq 250$ mm；中等直径桩，250 mm $< d <$ 800 mm；大桩，$d \geq$ 800 mm。

（6）纵筋长度及直径应注意以下几点。

①受水平荷载和弯矩较大的桩，配筋应通过计算确定。

②桩基承台下存在淤泥、淤泥质土或液化土层时，配筋长度应穿过淤泥、淤泥质土层或液化土层。

③坡地岸边的桩、8 度及 8 度以上地震区的桩、抗拔桩、嵌岩端承桩应通长配筋。

④钻孔灌注桩构造钢筋的长度不宜小于桩长的 2/3。桩施工在基坑开挖前完成时，钢筋长度不宜小于基坑深度的 1.5 倍。

⑤灌注桩主筋直径不宜小于 16 mm（腐蚀环境）；不宜小于 12 mm（非腐蚀环境）。

（7）桩顶嵌入承台内的长度不宜小于 50 mm。主筋伸入承台内的锚固长度不应小于钢筋直径（Ⅰ级钢）的 30 倍和钢筋直径（Ⅱ级钢和Ⅲ级钢）的 35 倍。对于大直径灌注桩，当采用一柱一桩时，可设置承台或将桩和柱直接连接。桩和柱的连结可按《建筑地基基础设计规范》（GB 50007—2011）高杯口基础的要求选择截面尺寸和配筋，桩纵筋插入桩身的长度应满足锚固长度的要求。

（8）桩主筋混凝土保护层厚度不宜小于：灌注桩 50 mm、预制桩 45 mm、预应力管桩 35 mm、腐蚀环境中灌注桩 55 mm。

3.2.2 · 承台的构造

（1）承台的宽度不宜小于 500 mm。边桩中心至承台边缘的距离不宜小于桩的直径或边长，且桩的外边缘至承台边缘的距离不宜小于 150 mm。对于条形承台梁，桩的外边缘至承台梁边缘的距离不宜小于 75 mm。

（2）承台的最小厚度不宜小于 300 mm。

（3）承台的配筋，对于矩形承台其钢筋应按双向均匀通长布置（图 3.1-a），钢筋直径不宜小于 10 mm，间距不宜大于 200 mm；对于三桩承台，钢筋应按三向板带均匀布置，且最里面的三根钢筋围成的三角形应在柱截面范围内（图 3.1-b）。

（4）承台梁的主筋除应满足计算要求外，还应符合现行《混凝土结构设计规范》（GB 50010—2010）关于最小配筋率的规定：主筋直径不宜小于 12 mm，架立筋不宜小于 10 mm，箍筋直径不宜小于 6 mm（图 3.1-c）。

（5）承台混凝土强度等级不应低于 C20。纵向钢筋的混凝土保护层厚度不应小于 70 mm，当有混凝土垫层时，不应小于 40 mm。当承台的混凝土强度等级低于柱或桩的混凝土强度等级时，还应验算柱下或桩上承台的局部受压承载力。

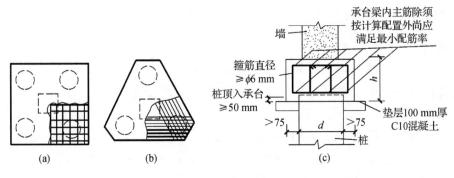

图 3.1　承台配筋示意

（6）承台四周的回填土，应满足填土密实性的要求。

3.2.3　承台连系梁

承台之间应设连系梁，并应符合下列要求。

（1）单桩承台应在 2 个互相垂直的方向上设置连系梁。

（2）两桩承台应在其短向设置连系梁。

（3）有抗震要求的柱下独立承台，宜在 2 个主轴方向设置联连系梁。

（4）连系梁顶面宜与承台位于同一标高。连系梁的宽度不应小于 250 mm，梁的高度可取承台中心距的 1/15 ~ 1/10，且不小于 400 mm。

（5）连系梁的主筋应按计算要求确定。连系梁内上下纵向钢筋直径不应小于 12 mm 且不少于 2 根，并应按受拉要求锚入承台。

3.3　设计资料的收集

（1）建筑物上部结构的类型、尺寸及上部结构荷载。

（2）场地地质勘探资料：应选择较硬土层作为桩端持力层。

3.4　确定桩型、桩截面尺寸，初定桩长、承台厚度及埋置深度

3.4.1　桩型

应综合考虑各因素（荷载、工程地质条件、施工条件）选择合适桩型。应注意：对同一建筑物尽量采用同一类型的桩。

3.4.2　桩截面尺寸（省标）

（1）灌注桩：

沉管灌注桩，Φ 325 mm、377 mm、426 mm。

钻孔灌注桩，Φ 600 ~ 1500 mm。

（2）预制桩：

实心预制方桩，d = 250 mm、300 mm、350 mm、400 mm、450 mm、500 mm。

静压预制混凝土开口空心桩，d = 450 mm、500 mm、550 mm、600 mm。

（3）先张法预应力混凝土管桩：

预应力高强混凝土管桩，d = 400 mm、500 mm、550 mm、600 mm、700 mm、800 mm、1000 mm。

预应力混凝土管桩，d = 400 mm、500 mm、550 mm、600 mm。

3.4.3　桩长

桩的长度主要取决于桩端持力层的选择。桩端宜进入坚硬土层或岩层，采用端承型桩或嵌岩桩；当坚硬土层的埋深很深时，则宜采用摩擦型桩，桩端应尽量达到低压缩性、中等强度的土层上。

桩端（全断面）进入持力层的深度应根据地质条件、荷载及施工工艺确定，宜为桩身直径的 1 ~ 3 倍。对于黏性土、粉土，不宜小于 2 d（d 为桩的直径）；对于砂土，不宜小于 1.5 d；对于碎石类土，不宜小于 1 d。当存在软弱下卧层时，桩端以下硬持力层厚度不宜小于 3 d。嵌岩灌注桩周边嵌入完整和较完整的未风化、微风化、中风化硬质岩体的最小深度不宜小于 0.5 m，以确保桩端与岩体接触。嵌岩灌注桩、端承桩在桩底下 3 d 范围内应无软弱夹层、断裂带、洞穴和孔隙分布，这对于荷载很大的大直径灌注桩是至关重要的。桩的有效长度，还需在承台底埋深确定后才能计算。

3.4.4　承台厚度

承台厚度按构造要求外，尚需进行承台的冲切及斜截面受剪计算，满足要求后最后确定。

3.4.5　承台埋深

承台埋深不应小于设计室外地面下 600 mm，承台顶面一般应低于室外设计地面下不少于 100 mm，且尚应考虑承台、连系梁顶面的要求。

3.5　单桩竖向承载力特征值

（1）单桩竖向承载力特征值应通过单桩竖向静载荷试验确定。在同一条件下的试桩数量，不宜少于总桩数的 1%，且不应少于 3 根。

（2）地基基础设计等级为丙级的建筑物，可采用静力触探及标贯试验参数确定单桩承载力特征值。

（3）初步设计时单桩竖向承载力特征值可按式（3.1）估算，桩的有效计算长度从承台底面算起，不考虑桩尖长度：

$$R_a = q_{pa}A_p + u_p \sum q_{sia}l_i, \tag{3.1}$$

式中：Ra 为单桩竖向承载力特征值；

q_{pa}、q_{sia} 为桩端端阻力、桩侧阻力特征值，由当地静载荷试验结果统计分析算得；

A_p 桩底端横截面面积；

u_p 为桩身周边长度；

l_i 为第 i 层岩土的厚度。

当桩端嵌入完整及较完整的硬质岩中，可按式（3.2）估算单桩竖向承载力特征值：

$$R_a = q_{pa}A_p, \tag{3.2}$$

式中：q_{pa} 为桩端岩石承载力特征值。

3.6 确定桩数及桩位布置、承台面积

3.6.1 估算桩数

按《建筑地基基础设计规范》（GB 50007—2011）规定：传至承台底面上的荷载效应应按正常使用极限状态下荷载效应的标准组合 F_k、M_k、V_k，相应的抗力应采用单桩承载力特征值 R_a。

轴压桩基桩数按式（3.3）所示计算：

$$n \geqslant \frac{F_k + G_k}{R_a}, \tag{3.3}$$

式中：F_k 为相应于荷载效应标准组合时，作用于桩基承台顶面的竖向力；

G_k 为桩基承台自重及承台上土重标准值；

n 桩基中的桩数。

偏压桩基桩数按式（3.4）所示计算：

$$n = 1.2\frac{F_k}{R_a}, \tag{3.4}$$

式中：1.2 为放大系数，考虑承台及以上的土重及偏心影响。

3.6.2 桩位布置

3.6.2.1 桩距

桩距一般指桩与桩之间的最小中心距。对于不同的桩型有不同的桩距要求。摩擦型桩的中心距不宜小于桩身直径的 3 倍；扩底灌注桩的中心距不宜小于扩底直径的 1.5 倍，当扩底

直径大于 2 m 时，桩端净距不宜小于 1 m。桩的最小中心距如表 3.1 所示。

表 3.1　桩的最小中心距

土类和成桩工艺		排数≥3 排，桩数≥9 根的摩擦型桩基	其他情况
非挤土灌注桩		3.0 d	3.0 d
部分挤土桩	非饱和土、饱和非黏性土	3.5 d	3.0 d
	饱和黏性土	4.0 d	3.5 d
挤土桩	非饱和土、饱和非黏性土	4.0 d	3.5 d
	饱和黏性土	4.5 d	4.0 d
钻、挖孔扩底桩		2D 或 $D+2.0$ m（当 $D>2.0$ m）	1.5D 或 $D+1.5$ m（当 $D>2.0$ m）
沉管夯扩、钻孔挤扩桩	非饱和土、饱和非黏性土	2.2D 且 4.0 d	2.0D 且 3.5 d
	饱和黏性土	2.5D 且 4.5 d	2.2D 且 4.0 d

注：①d 为圆桩设计直径或方桩设计边长，D 为扩大端设计直径；

②当纵横向桩距不相等时，其最小中心距应满足"其他情况"一栏的规定；

③当为端承桩时，非挤土灌注桩的"其他情况"一栏可减小至 2.5 d；

④本表摘自《建筑桩基技术规范》（JGJ 94—2008）。

3.6.2.2　桩的平面布置

柱下独立承台基础，桩在平面内可布置成方形、矩形、三角形；条形承台基础下的桩，可采用单排或双排布置，宜采用对称、规则布置（图 3.2）。

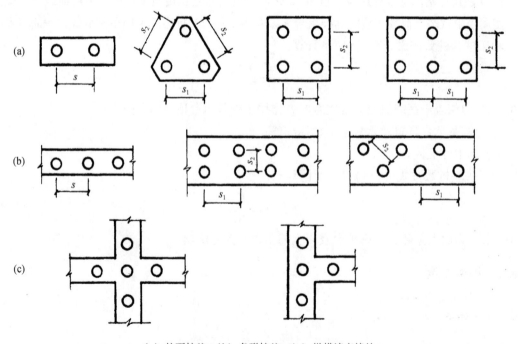

（a）柱下桩基；（b）条形桩基；（c）纵横墙交接处

图 3.2　桩的平面布置示意

布置桩位时宜使桩基承载力合力点与竖向永久荷载合力作用点重合，以使桩基中各桩受力比较均匀。

布桩时应注意以下几点。

①桩要布置紧凑，采用对称布置，使承台面积尽可能减小。

②尽量对结构受力有利，如对墙体落地的结构沿墙下布桩，对带梁桩筏基础沿梁位布桩，纵横向梁相交处布置。尽量避免采用板下布桩，一般不在无墙的门洞部位布桩。

③尽量使桩基在承受水平力和力矩较大的方向有较大的截面抵抗矩，如承台长边与力矩较大的平面取向一致，以及在横墙外延线上布置探头桩等（图3.3）。

3.6.3　承台面积

承台的平面尺寸由桩数及桩的平面布置情况决定。通常先画出承台平面草图，在图上标出桩距，再根据承台平面构造，可求出各边长之和，即为承台边长。根据承台边长可求面积（图3.4）。

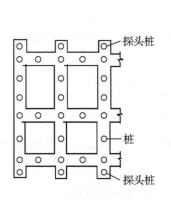

图3.3　横墙下探头桩的布置

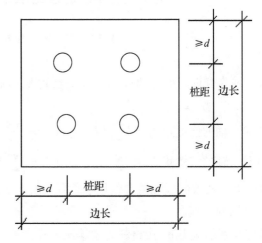

图3.4　承台边长示意

承台边桩中心至承台边缘的距离不宜小于桩的直径或桩的边长，且桩的外边缘至承台边缘的距离不小于150 mm。对于条形承台梁，桩的外边缘至承台梁边缘的距离不小于75 mm。

3.7　桩基础验算

3.7.1　群桩中单桩承载力验算

3.7.1.1　群桩中单桩桩顶竖向力计算

（1）轴心竖向力作用下，任一单桩的竖向力计算方法如式（3.5）所示：

$$Q_k = \frac{F_k + G_k}{n},\qquad\qquad (3.5)$$

式中：Q_k 为相应于荷载效应标准组合轴心竖向力作用下任一单桩的竖向力；

F_k 为相应于荷载效应标准组合时，作用于桩基承台顶面的竖向力；

G_k 为桩基承台自重及承台上土重标准值（可对承台混凝土及承台上的土分别计算后叠加）；

n 为桩基中的桩数。

（2）偏心竖向力作用下的桩基示意如图 3.5。

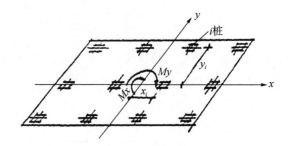

图 3.5　偏心竖向力作用下桩基

设 x、y 轴为群桩的形心轴；x_i、y_i 为 i 桩至 y 轴、x 轴的距离；A_i、I_i 分别为 i 桩的截面面积及惯性矩。

群桩对 x 轴的惯性矩 $I_x = \sum (I_i + y_i^2 A_i) = \sum I_i + \sum y_i^2 A_i \approx 0 + A_i \sum y_i^2$；

群桩对 y 轴的惯性矩 $I_y = \sum (I_i + x_i^2 A_i) = \sum I_i + \sum x_i^2 A_i \approx 0 + A_i \sum x_i^2$。

设 M_{xk} 为荷载效应标准组合作用于承台底对 x 轴的力矩，M_{yk} 为荷载效应标准组合作用于承台底对 y 轴的力矩。

第 i 桩受到的应力 σ_i 按材料力学偏压公式计算，如式（3.6）所示：

$$\sigma_i = \frac{F_k + G_k/n}{A_i} \pm \frac{M_{xk}y_i}{I_x} \pm \frac{M_{yk}x_i}{I_y}。\qquad (3.6)$$

桩顶承受的外力，计算方法如式（3.7）所示：

$$Q_{ik} = A_i\sigma_i = \frac{F_k + G_k}{n} \pm \frac{M_{xk}y_i}{\sum y_i^2} \pm \frac{M_{yk}x_i}{\sum x_i^2},\qquad (3.7)$$

式中正负号按桩所在坐标而定，受压用 "＋" 表示，受拉用 "－" 表示，任何桩不应受拉。

离群桩形心最远处的桩所受的外力最大，计算方法如式（3.8）所示：

$$Q_{ik_{max}} = \frac{F_k + G_k}{n} + \frac{M_{xk}y_{max}}{\sum y_i^2} + \frac{M_{yk}x_{max}}{\sum x_i^2}。\qquad (3.8)$$

应注意的是在确定承台高度、承台配筋时，上部结构传来的荷载效应组合，应按承载能力极限状态下荷载效应的基本组合，采用相应的分项系数。故单桩竖向承载力取 Q_i，其最大设计值为，计算方法按式（3.9）所示：

$$Q_{i\,max} = \frac{F + G}{n} + \frac{M_x y_{max}}{\sum y_i^2} + \frac{M_y x_{max}}{\sum x_i^2} \circ \qquad (3.9)$$

净反力设计值，计算方法按式（3.10）所示：

$$N_i = \frac{F}{n} \pm \frac{M_x y_i}{\sum y_i^2} \pm \frac{M_y x_i}{\sum x_i^2} \circ \qquad (3.10)$$

3.7.1.2　群桩中单桩承载力验算

（1）轴心竖向力作用下：

$$Q_k \leqslant R_a \circ \qquad (3.11)$$

（2）偏心竖向力作用下：

$$\begin{cases} Q_k \leqslant R_a \\ Q_{ik\,max} \leqslant 1.2R_a \end{cases}, \qquad (3.12)$$

式中：R_a 为单桩竖向承载力特征值。

3.7.1.3　桩身强度

桩身混凝土强度应满足桩的承载力设计要求。

桩轴心受压时：

$$Q \leqslant A_P f_C \varphi_C , \qquad (3.13)$$

式中：Q 为相应于荷载效应基本组合时的单桩竖向力设计值；A_p 为桩身横截面积；

f_c 为混凝土轴心抗压强度设计值，按《混凝土结构设计规范》（GB 50010—2010）取值；

φ_C 为工作条件系数，非预应力预制桩取 0.75，预应力桩取 0.55 ~ 0.65，灌注桩取 0.6 ~ 0.8（水下灌注桩、长桩或混凝土强度高于 C35 时用低值）。

3.7.2　桩基沉降验算

对以下建筑物的桩基应进行沉降验算：

（1）地基基础设计等级为甲级的建筑物桩基；

（2）体型复杂、荷载不均匀或桩端以下存在软弱土层的设计等级为乙级的建筑物桩基；

（3）摩擦型桩基。

嵌岩桩、设计等级为丙级的建筑物桩基、对沉降无特殊要求的条形基础下不超过两排桩的桩基、吊车工作级别 A5（A5 为中级工作级别）及 A5 以下的单层工业厂房桩基（桩端下为密实土层），可不进行沉降验算。

当有可靠地区经验时，对地质条件不复杂、荷载均匀、对沉降无特殊要求的端承型桩基也可不进行沉降验算。

桩基础最终沉降量的计算采用单向压缩分层总和法。

桩基础的沉降不得超过建筑物的沉降允许值，并应符合建筑物地基变形允许值的规定，见《建筑地基基础设计规范》（GB 50007—2011）。

3.8　桩身结构设计

详见浙江省建筑标准设计结构标准图集。

（1）预制桩。

预制方桩：2004 浙 G19。

静压预制混凝土开口空心桩：2004 浙 G29。

先张法预应力混凝土管桩：2002 浙 G22。

（2）灌注桩。

沉管灌注桩：2004 浙 G20。

钻孔灌注桩：2004 浙 G21。

3.9　承台设计

承台是上部结构与群桩之间相联系的结构构件，为现浇混凝土结构，相当于一个浅基础。承台的作用是将桩连接成一个整体，并把建筑物的荷载传到每根桩上，因而承台应有足够的强度和刚度。桩基承台可分为柱下独立承台、柱下条形（梁式承台）或墙下条形承台、筏板承台和箱形承台等。

承台设计除确定承台的材料、形状、高度、平面尺寸以外，应进行抗冲切、抗剪及抗弯计算，并应符合构造要求。当承台的混凝土强度等级低于柱或桩的混凝土强度等级时，还应验算柱下或桩上承台的局部受压承载力。

3.9.1　承台冲切计算

目的是确定承台厚度。计算时圆桩、圆柱换算成正方形截面。边长 $a = 0.886\,d$（d 为直径）。

3.9.1.1　柱对承台的冲切

冲切破坏锥体应采用自柱边和承台变阶处至相应桩顶边缘连线所构成的截锥体，锥体斜面与承台底面的夹角不小于 45°，当小于 45°时规范未说明措施，可增加承台厚度来满足要求（图 3.6）。

$$F_l \leqslant 2\left[\beta_{ox}(b_c + a_{oy}) + \beta_{oy}(h_c + a_{ox})\right]\beta_{hp}f_t h_0 \tag{3.14}$$

$$F_l = F - \sum N_i \tag{3.15}$$

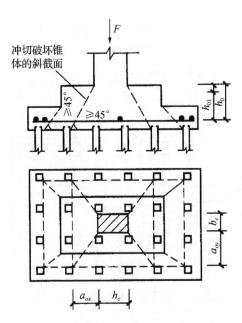

图3.6　柱对承台的冲切计算示意

式中：F_l 为扣除承台及其上填土自重，作用在冲切破坏锥体上相应于荷载效应基本组合的冲切力设计值；

F 为柱根部轴力设计值；

$\sum N_i$ 为冲切破坏锥体范围内各桩的净反力设计值之和；

h_0 为冲切破坏锥体的有效高度；

b_c、h_c 为柱截面尺寸；

a_{ox}、a_{oy} 为柱边或变阶处至桩边的水平距离，当 a_{ox}（a_{oy}）$<0.25 h_0$ 时取 $a_{ox}(a_{oy}) = 0.25 h_0$，当 $a_{ox}(a_{oy})>h_0$ 时取 a_{ox}（a_{oy}）$=h_0$；

β_{ox}、β_{oy} 为冲切系数，

$$\beta_{ox} = \frac{0.84}{\lambda_{ox} + 0.2}; \qquad \beta_{oy} = \frac{0.84}{\lambda_{oy} + 0.2};$$

λ_{ox}、λ_{oy} 为冲跨比，

$$\lambda_{ox} = \frac{a_{ox}}{h_0}, \qquad \lambda_{oy} = \frac{a_{oy}}{h_0};$$

β_{hp} 为受冲切承载力截面高度影响系数，当 $h \leqslant 800$ mm 时取 $\beta_{hp} = 1.0$，当 $h \geqslant 2000$ mm 时取 $\beta_{hp} = 0.9$。

其间按线性内插法取用。

3.9.1.2　角桩对承台的冲切

（1）多桩（4 桩及以上）矩形承台受角桩冲切的承载力（图3.7）。

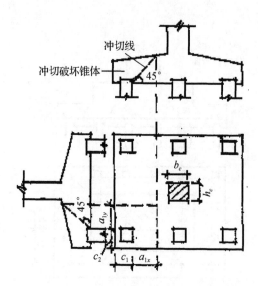

图3.7 矩形承台角桩冲切计算示意

$$N_l \leqslant \left[\beta_{1x} \left(c_2 + \frac{a_{1y}}{2} \right) + \beta_{1y} \left(c_1 + \frac{a_{1x}}{2} \right) \right] \beta_{hp} f_t h_0, \tag{3.16}$$

式中：N_l 为扣除承台和其上填土自重后的角桩桩顶相应于荷载效应基本组合时的竖向力设计值；

β_{1x}、β_{1y} 为角桩冲切系数，$\beta_{1x} = \dfrac{0.56}{\lambda_{1x} + 0.2}$，$\beta_{1y} = \dfrac{0.56}{\lambda_{1y} + 0.2}$；

λ_{1x}、λ_{1y} 为角桩冲跨比，其值满足 $0.25 \sim 1.00$，$\lambda_{1x} = \dfrac{a_{1x}}{h_0}$，$\lambda_{1y} = \dfrac{a_{1y}}{h_0}$；

a_{1x}、a_{1y} 为从承台底角桩内边缘引 45°冲切线与承台顶面或承台变阶处相交点至角桩内边缘的水平距离；

c_1、c_2 为从角桩内边缘至承台外边缘的距离；

f_t 为混凝土轴心抗拉设计强度；

h_0 为承台外边缘的有效高度。

（2）三桩三角形承台受角桩冲切的承载力（图3.8）。

底部角桩：

$$N_l \leqslant \left[\beta_{11} (2c_1 + a_{11}) \tan \frac{\theta_1}{2} \right] \beta_{hp} f_t h_0 \tag{3.17}$$

顶部角桩：

$$N_l \leqslant \left[\beta_{12} (2c_2 + a_{12}) \tan \frac{\theta_2}{2} \right] \beta_{hp} f_t h_0 \tag{3.18}$$

式中，β_{11}、β_{12} 为角桩冲切系数，

$$\beta_{11} = \frac{0.56}{\lambda_{11} + 0.2}, \beta_{12} = \frac{0.56}{\lambda_{12} + 0.2};$$

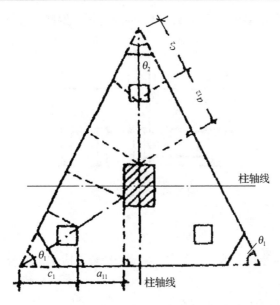

图 3.8　三角形承台角桩冲切计算示意

λ_{11}、λ_{12} 为角桩冲跨比，其值满足 $0.25 \sim 1.00$，

$$\lambda_{11} = \frac{a_{11}}{h_0}, \ \lambda_{12} \frac{a_{12}}{h_0};$$

a_{11}、a_{12} 为从承台底角桩内边缘向相邻承台边引 45°冲切线与承台顶面相交点至角桩内边缘的水平距离。

3.9.2　承台斜截面受剪承载力计算

柱下桩基独立承台应分别对柱边和桩边连线、变阶处和桩边连线形成的斜截面进行受剪计算（图 3.9）。

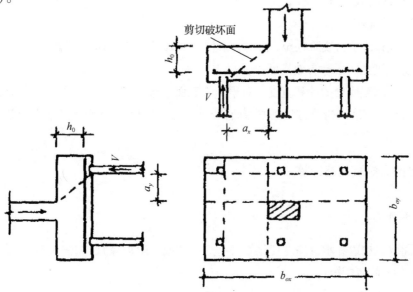

图 3.9　承台斜截面受剪计算示意

当柱边外有多排桩形成多个剪切斜截面时，尚应对每个斜截面进行验算（图 3.10）。

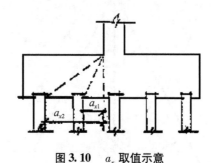

图 3.10　a_x 取值示意

$$V \leqslant \beta_{hs}\beta \cdot f_t b_0 h_0 \tag{3.19}$$

式中：V 为扣除承台及其上填土自重后，相应于荷载效应基本组合时斜截面的最大剪力设计值；

β_{hs} 为受剪切承载力截面高度影响系数，

$$\beta_{hs} = \left(\frac{800}{h_0}\right)^{\frac{1}{4}},$$

当 $h_0 < 800$ mm 时取 $h_0 = 800$ mm，当 $h_0 > 2000$ mm 时取 $h_0 = 2000$ mm；

β 为剪切系数，

$$\beta_x = \frac{1.75}{\lambda_x + 1.0}, \beta_y = \frac{1.75}{\lambda_y + 1.0};$$

λ 为计算截面的剪跨比，

$$\lambda_x = \frac{a_x}{h_0}, \lambda_y = \frac{a_y}{h_0},$$

当 $\lambda < 0.25$ 时取 $\lambda = 0.25$，

当 $\lambda > 3$ 时取 $\lambda = 3$；

a_x、a_y 为柱边或承台变阶处至 x、y 方向计算一排桩的桩边的水平距离；

h_0 为计算宽度处的承台有效高度；

b_0 为承台计算截面处的计算宽度。对于变阶截面或锥形截面 x、y 方向的截面宽度应取折算为矩形截面时的宽度。折算方法是取原面积与矩形面积相等及截面高度不变的条件，可求得折算截面宽度 b_0。

3.9.3　承台的弯矩及配筋计算

3.9.3.1　矩形承台

计算截面取在柱边和承台高度变化处（杯口外侧或台阶边缘），如图 3.11 所示。

对柱边 $y - y$ 截面弯矩：

$$M_y = \sum N_i x_i , \tag{3.20}$$

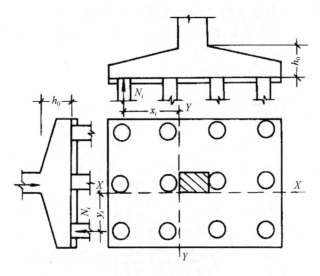

3.11　承台弯矩计算示意

对柱边 $x-x$ 截面弯矩：

$$M_x = \sum N_i y_i ,$$

(3.21)

钢筋垂直 $y-y$ 截面放置：

$$A_{sy} = \frac{M_y}{0.9 f_y h_0},$$

(3.22)

钢筋垂直 $x-x$ 截面放置：

$$A_{sx} = \frac{M_x}{0.9 f_y h_0},$$

(3.23)

式中：N_i 为扣除承台及其上填土自重后，相应于荷载效应基本组合时的第 i 桩竖向力设计值。

3.9.3.2　三桩承台

（1）等边三桩承台（图 3.12）。

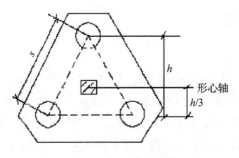

图 3.12　等边三桩承台计算示意

$$M = \frac{N_{max}}{3}\left(s - \frac{\sqrt{3}}{4}c\right),$$

(3.24)

式中：M 为由承台形心至承台边距离范围内板带的弯矩设计值；

N_{max} 为扣除承台及其上填土自重后的三桩中相应于荷载效应基本组合时的最大单桩竖向力设计值；

s 为桩距；

c 为方桩边长，圆柱时 $c = 0.886\, d$（d 为圆柱直径）。

（2）等腰三桩承台（图 3.13）。

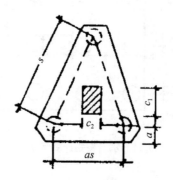

图 3.13　等腰三桩承台计算示意

$$M_1 = \frac{N_{max}}{3}\left(s - \frac{0.75}{\sqrt{4-\alpha^2}} \cdot c_1 \right), \qquad (3.25)$$

$$M_2 = \frac{N_{max}}{3}\left(\alpha \cdot s - \frac{0.75}{\sqrt{4-\alpha^2}} \cdot c_2 \right), \qquad (3.26)$$

式中：M_1 为由承台形心至承台两腰的距离范围内板带的弯矩设计值；

M_2 为由承台形心至承台底边的距离范围内板带的弯矩设计值；

s 为长向桩距；

a 为短向桩距与长向桩距之比，$\alpha < 1$；当 $\alpha < 0.5$ 时，应按变截面的二桩承台设计；

c_1、c_2 为分别为垂直于、平行于底边的柱截面边长。

3.10　桩基础设计实例

某二级建筑桩基，拟采用 ϕ600 钻孔灌注桩，柱截面 600 mm × 600 mm，如图 3.14 所示。已知上部结构传至承台顶面的相应于荷载效应标准组合的竖向荷载 $F_k = 4800$ kN，弯矩 $M_k = 360$ kN·m，水平力 $H_k = 120$ kN；荷载设计值为 $F = 6000$ kN，弯矩 $M = 450$ kN·m，水平力 $H = 150$ kN。工程地质勘察查明场地地层自上而下依此为：①填土，厚度 2.0 m；②淤泥质土，软塑—流塑，$q_{sa} = 12$ kPa，厚度 7.2 m；③粉质黏土，可塑，$q_{sa} = 36$ kPa，厚度 3.3 m；④中砂，密实，$q_{sa} = 60$ kPa，$q_{pa} = 1500$ kPa，厚度 4.6 m；⑤碎石土，中密，该层未揭穿，$q_{sa} = 80$ kPa，$q_{pa} = 2000$ kPa。试设计该基础。

【解】（1）确定桩端持力层。

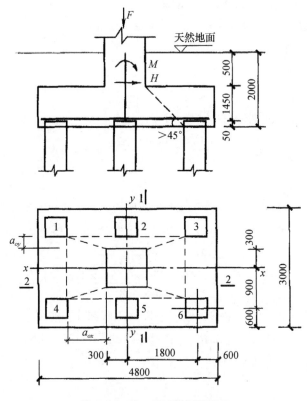

图 3.14　某二级建筑桩基示意

根据地质情况，初步选择密实中砂层作为桩端持力层。

（2）确定桩的类型、桩长和承台埋深。

钻孔灌注桩，直径为 600 mm，进入中砂层 $2d = 1.2$ m。初定承台高度为 1.5 m，承台顶距天然地面 0.5 m，承台埋深 1.5 m。

（3）确定单桩竖向承载力特征值。

$$R_a = q_{pa}A_p + u_p \sum q_{sa}l_i$$

$$= 1500 \times \frac{3.14 \times 0.6^2}{4} + 3.14 \times 0.6 \times (12 \times 7.2 + 36 \times 3.3 + 60 \times 1.2)$$

$$= 423.9 + 522.2 = 946.1 \text{ kN}$$

承摩擦桩。

属端

（4）估算桩数及初定承台面积。

承台及上覆土重 $G_k = 20 \times 4.8 \times 3 \times 2 = 576$ kN

$$n = 1.2\frac{F_k}{R_a} = 1.2 \times \frac{4800}{946.1} = 6.09 > n = \frac{F_k + G_k}{R_a} = \frac{4800 + 576}{946.1} = 5.68$$

取 6 根试算。

按钻孔灌注桩，根据表 3.1，取桩距 $s = 3d = 1.8$ m，承台短边长为：$2d + s = 2 \times 0.6 + 1.8 = 3$ m；

承台长边长为：$2d + 2s = 2 \times 0.6 + 2 \times 1.8 = 4.8$ m；

承台面积为：$4.8 \times 3 = 14.4$ m²。

（5）桩基础验算。

1）单桩承载力验算。

轴心竖向力作用下，桩顶承受的平均竖向力：

$$Q_k = \frac{F_k + G_k}{n} = \frac{4800 + 576}{6} = 896 \text{ kN}$$

$Q_k < Ra$，满足要求。

偏心竖向力作用下，桩顶承受的最大与最小竖向力：

$$Q_k = \frac{F_k + G_k}{n} \pm \frac{M_{xk} y_i}{\sum y_i^2} \pm \frac{M_{yk} x_i}{\sum x_i^2} = \frac{F_k + G_k}{n} \pm \frac{M_{yk} x_i}{\sum x_i^2}$$

$$= \frac{4800 + 576}{6} \pm \frac{(360 + 120 \times 1.5) \times 1.8}{4 \times 1.8^2} = 896 \pm 75$$

$$= 971 \text{ kN（桩3、桩6）；821 kN（桩1、桩4）。}$$

最大竖向力：$Q_{k\max} = 971 \text{ kN} \leqslant 1.2 R_a = 1.2 \times 946.1 = 1135.3$ kN；

最小竖向力：$Q_{k\min} = 821 \text{ kN} > 0$；

满足要求。

2）桩身混凝土强度。

桩顶承受的最大竖向力设计值：

$$Q_{\max} = \frac{F + G}{n} + \frac{M_x y_{\max}}{\sum y_i^2} + \frac{M_y x_{\max}}{\sum x_i^2}$$

$$= \frac{6000 + 1.2 \times 576}{6} + \frac{(450 + 150 \times 1.5) \times 1.8}{4 \times 1.8^2} = 1115.2 + 93.8 = 1209 \text{ kN}$$

桩身混凝土强度等级为 C20，$f_c = 9.6 \text{ N/mm}^2$：

$$A_p f_c \varphi_C = \frac{3.14 \times 600^2}{4} \times 9.6 \times 0.6 = 1\,627\,776 \text{ N} = 1628 \text{ kN} > Q_{\max} = 1209 \text{ kN}，$$

满足要求。

3）沉降计算（略）。

（6）承台设计。

将圆桩换算成正方形桩，$\dfrac{3.14 \times 600^2}{4} = a^2$，$a = 532$ mm；

或 $a = 0.886 d = 0.886 \times 600 = 532$ mm。

1）承台受冲切承载力验算。

①柱对承台的冲切。

桩顶伸入承台 50 mm，承台有效高度 $h_0 = 1500 - 50 = 1450$ mm。

承台混凝土强度等级为 C20，$f_t = 1.1 \text{ N/mm}^2$：

$F_l = F - \sum N_i = 6000 - 0 = 6000 \text{ kN（破坏锥体内无桩）。}$

$a_{ox} = 1800 - \dfrac{532}{2} - 300 = 1234 \text{ mm} > 0.25 h_0 = 362.5 \text{ mm，取} a_{ox} = 1234 \text{ mm；}$

$a_{oy} = 900 - 300 - \dfrac{532}{2} = 334 \text{ mm} < 0.25 h_0 = 362.5 \text{ mm，取} a_{oy} = 362.5 \text{ mm}。$

$\lambda_{ox} = \dfrac{a_{ox}}{h_0} = \dfrac{1234}{1450} = 0.851，\beta_{ox} = \dfrac{0.84}{\lambda_{ox} + 0.2} = \dfrac{0.84}{0.851 + 0.2} = 0.799，$

$\lambda_{oy} = \dfrac{a_{oy}}{h_0} = \dfrac{362.5}{1450} = 0.25，\beta_{oy} = \dfrac{0.84}{\lambda_{oy} + 0.2} = \dfrac{0.84}{0.25 + 0.2} = 1.867。$

因 $h = 1500 \text{ mm}$，直线插入法，$\beta_{hp} = 1 - \dfrac{1.0 - 0.9}{2000 - 800} \times (1500 - 800) = 0.942，$

$2[\beta_{ox}(b_c + a_{oy}) + \beta_{oy}(h_c + a_{ox})]\beta_{hp}f_t h_0$

$= 2 \times [0.799 \times (600 + 362.5) + 1.867 \times (600 + 1234)] \times 0.942 \times 1.1 \times 1450$

$= 12600228 \text{ N} = 12600 \text{ kN}$

$> F_l = 6000 \text{ kN}$，满足要求。

②角桩对承台的冲切。

角桩的最大反力设计值：

$N_l = \dfrac{F}{n} + \dfrac{M_y x_i}{\sum x_i^2} = \dfrac{6000}{6} + \dfrac{(450 + 150 \times 1.5) \times 1.8}{4 \times 1.8^2} = 1000 + 93.8 = 1093.8 \text{ kN}$

从角桩内边缘引 $45°$ 冲切线，与承台顶面相交点至角桩内边缘的水平距离 a_{1x} 和 a_{1y}。

$a_{1x} = \dfrac{h}{\text{tg}45°} = 1500 > 1234$，取 $a_{1x} = 1234 \text{ mm}$（柱边至桩距离）。

$a_{1y} = \dfrac{h}{\text{tg}45°} = 1500 > 334$，取 $a_{1y} = 334 \text{ mm}$（柱边至桩距离）。

角桩冲跨比 $\lambda_{1x} = \dfrac{a_{1x}}{h_0} = \dfrac{1234}{1450} = 0.851，\lambda_{1y} = \dfrac{a_{1y}}{h_0} = \dfrac{334}{1450} = 0.23，$

λ_{1x}、λ_{1y} 满足 $0.25 \sim 1.00$。

角桩冲切系数：$\beta_{1x} = \dfrac{0.56}{\lambda_{1x} + 0.2} = \dfrac{0.56}{0.851 + 0.2} = 0.533，$

$\beta_{1y} = \dfrac{0.56}{\lambda_{1y} + 0.2} = \dfrac{0.56}{0.25 + 0.2} = 1.244，$

$c_1 = c_2 = 600 + \dfrac{532}{2} = 866 \text{ mm}。$

$\left[\beta_{1x}\left(c_2 + \dfrac{a_{1y}}{2}\right) + \beta_{1y}\left(c_1 + \dfrac{a_{1x}}{2}\right)\right]\beta_{hp}f_t h_0$

$= \left[0.533 \times \left(866 + \dfrac{334}{2}\right) + 1.244 \times \left(866 + \dfrac{1234}{2}\right)\right] \times 0.942 \times 1.1 \times 1450$

$= 3\,599\,126 \text{ N} = 3599 \text{ kN}$

$> N_l = 1093.8 \text{ kN}$，满足要求。

2）承台受剪承载力验算。

①1-1 斜截面。

最大剪力设计值 $V_1 = 2N_{max} = 2 \times 1093.8 = 2187.6$ kN（桩3、桩6），

1-1 截面的剪跨比同冲跨比 $\lambda_x = \lambda_{ox} = 0.851$

$$\beta_x = \frac{1.75}{\lambda_x + 1} = \frac{1.75}{0.851 + 1} = 0.945 ,$$

因 $800 < h_0 = 1450 < 2000$，$\beta_{hs} = \left(\frac{800}{h_0}\right)^{\frac{1}{4}} = \left(\frac{800}{1450}\right)^{\frac{1}{4}} = 0.862$ ，

$b_0 = 3000$ mm。

$\beta_{hs}\beta_x f_t b_0 h_0 = 0.862 \times 0.945 \times 1.1 \times 3000 \times 1450 = 3\,897\,813$ N $= 3898$ kN

　$> V_1 = 2187.6$ kN，满足要求

②2-2 斜截面。

桩6：$N_6 = 1093.8$ kN（见前）；

桩5：$N_5 = \dfrac{F}{n} + \dfrac{M_y x_i}{\sum x_i^2} = \dfrac{F}{n} + 0 = \dfrac{6000}{6} = 1000$ kN；

桩4：$N_4 = \dfrac{F}{n} - \dfrac{M_y x_i}{\sum x_i^2} = \dfrac{6000}{6} - \dfrac{(450 + 150 \times 1.5) \times 1.8}{4 \times 1.8^2} = 906.2$ kN；

$V_2 = N_4 + N_5 + N_6 = 906.3 + 1000 + 1093.8 = 3000.1$ kN。

2-2 截面剪跨比同冲跨比：

$$\lambda_y = \lambda_{oy} = 0.25, \beta_y = \frac{1.75}{\lambda_y + 1} = \frac{1.75}{0.25 + 1} = 1.4 ,$$

$b_0 = 4800$ mm ，

$\beta_{hs}\beta_y f_t b_0 h_0 = 0.862 \times 1.4 \times 1.1 \times 4800 \times 1450 = 9\,239\,261$ N $= 9239$ kN ，

　$> V_2 = 3000.1$ kN，满足要求。

3）承台弯矩及配筋计算。

①对柱边 1-1 截面弯矩：

$$M_1 = \sum N_i x_i = 2 \times 1093.8 \times \left(\frac{4.8}{2} - 0.6 - \frac{0.6}{2}\right) = 3281.4 \text{ kN} \cdot \text{m}（桩3、桩6）。$$

②对柱边 2-2 截面弯矩：

$M_2 = \sum N_i y_i = 906.2 \times 0.6 + 1000 \times 0.6 + 1093.8 \times 0.6 = 1800$ kN·m（桩4、桩5、桩

6），式中 $0.6 = \dfrac{3}{2} - 0.6 - 0.3$，

采用 HRB335 级钢筋，$f_y = 300$ N/mm^2 ，

钢筋垂直 1-1 截面放置 $As_1 = \dfrac{M_1}{0.9 f_y h_0} = \dfrac{3281.4 \times 10^6}{0.9 \times 300 \times 1450} = 8382$ mm^2 ，

配 22Φ22@140；

钢筋垂直 2-2 截面放置 $As_2 = \dfrac{M_2}{0.9 f_y h_0} = \dfrac{1800 \times 10^6}{0.9 \times 300 \times 1450} = 4598$ mm^2 ，

配 25Φ16@200。

训 练 三

1. 设计资料

某5层钢筋混凝土框架结构，柱网尺寸6 m×6 m，横向承重框架，柱截面500 mm×500 mm，底层平面图见图3.15，地质资料见图3.16。基础采用静压预制混凝土管桩，桩直径400 mm，桩身混凝土强度等级为C60，承台混凝土强度等级为C20，桩端进入持力层深度2 d，最小桩距取3 d，各桩传至承台顶的内力见表3.2。承台剖面见图3.17。

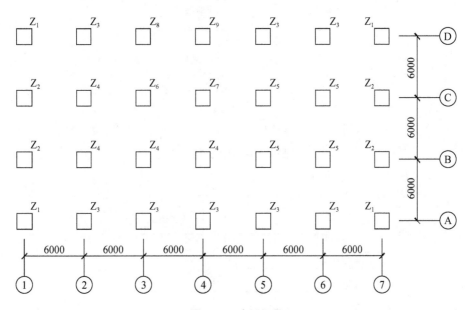

图3.15　底层平面

表3.2　柱内力

柱号	F_k（kN）	M_k（kN·m）	V_k（kN）	F（kN）	M（kN·m）	V（kN）
Z1	910	110	50	1152	140	64
Z2	1500	40	22	1935	50	25
Z3	940	120	65	1220	160	82
Z4	1600	50	25	2050	60	35
Z5	1750	55	20	2190	70	28
Z6	1890	60	20	2362	75	25
Z7	2540	70	30	3185	88	40
Z8	2360	150	70	2980	180	76
Z9	2410	135	75	3040	164	90

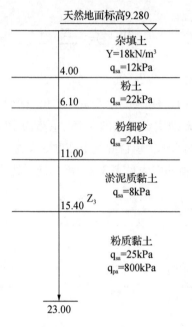

图 3.16　地质资料

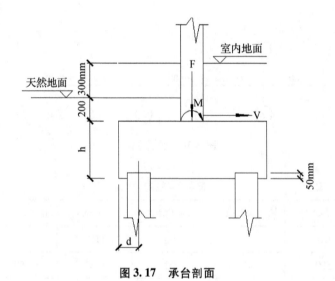

图 3.17　承台剖面

2. 设计任务

（1）设计一榀横向框架柱下独立基础桩基（由教师指定）。内容包括单桩竖向承载力特征值，桩根数，承台桩位布置，承台板冲切、斜截面抗剪、承台板配筋等计算。提交计算书一份。

（2）绘制桩位平面图、基础平面图及承台详图（2 号图纸 3 张）。比例：平面图 1∶100，承台详图 1∶30。

（3）计算方法及构造要求见《建筑地基基础设计规范》（GB 50007—2011）、《建筑桩基技术规范》（JGJ 94—2008）。

第四章

基础施工图识读

（1）了解基础施工图的内容。

（2）掌握基础施工图的识读方法。

（3）掌握基础施工图平面整体表示方法。

【能力目标】

（1）能正确识读基础施工图。

（2）能熟练应用基础平法制图规则。

　　基础施工图是建筑物地下部分承重结构的施工图，主要反映建筑物室内地面以下基础部分的基础类型、平面布置、尺寸大小、材料及详细构造要求等。基础施工图包括基础平面图、基础详图及必要的设计说明。基础施工图是施工放线、开挖基坑（基槽）、基础施工、计算基础工程量的依据。

4.1　基础施工图的内容

基础是建筑物地面以下承受房屋全部荷载的构件。基础的形式取决于上部承重结构的形式和地基情况。

在工程中，基础分为浅基础和深基础 2 类。一般将埋置在天然地基上、埋置深度小于 5 m，只需经过普通施工程序建造的基础称为浅基础。其常见的形式有条形基础（即墙基础）、独立基础（即柱基础）和筏板基础。反之，若浅层土质不良，需借助于特殊的施工方法把基础埋置于较深的好土层时，称为深基础。桩基础是建筑物常用的深基础形式之一。常见的桩基础形式有沉管灌注桩、钻孔灌注桩、预应力砼管桩。因基础类型不同，基础施工图内容也有差异，但一般均先阅读基础平面图，再看基础详图。

4.1.1　基础平面图

4.1.1.1　基础平面图的形成

基础平面图是在相对标高 ±0.000 处，用一个假想的水平剖切面将建筑物剖开，移去上部建筑物和覆盖土层后所作的水平投影图。

4.1.1.2　基础平面图的一般要求

（1）绘制比例。基础平面图的比例一般与建筑平面图的比例相同，采用 1∶100 或 1∶150。

（2）轴线。基础平面图的定位轴线一般与建筑平面图的定位轴线相同。若有新的定位轴线应编制为副轴线，并确定主、副轴线的位置关系。

（3）表示方法。在基础平面图中，只画出基础墙（梁）、柱及基础底面（不含垫层）的轮廓线，基础的细部轮廓（如大放脚）可省略不画。当为桩基础时，可用粗十字线"＋"或采用桩断面轮廓线表示桩位，也可单独绘制桩位平面图。

剖切到的基础墙画粗实线；可见的基础轮廓、基础梁等画中实线；其他画细线。基础内留有的孔洞及管沟位置可用虚线画出。柱一般涂黑，柱下有桩位时可用涂红表示。

凡尺寸和构造不同的条形基础都需加画断面图。基础平面图上剖切符号要依次编号。

（4）尺寸标注。基础平面图中应标注出基础的定形尺寸和定位尺寸。定形尺寸包括基础墙宽度、基础底面尺寸等，可直接标出，也可用文字加以说明和用基础代号等形式标出。定位尺寸包括基础梁、柱等的轴线尺寸。

4.1.1.3　基础平面图的主要内容

基础平面图主要表示基础顶面的墙、垫层、留洞及柱、梁等构件布置的平面位置关系，主要有以下几个方面内容。

（1）图名、比例和指北针。

（2）与建筑平面图一致的纵横定位轴线及编号。一般只标明定位轴线间的外部尺寸及总尺寸。

（3）基础平面布置和内部尺寸，即基础墙、柱、基础底面的形状、尺寸及与轴线的关系。

（4）剖面图的剖切线及其编号，对基础梁、柱等注写基础代号，便于查找详图。

（5）以虚线表示暖气、电缆等沟道的路线位置，穿墙管洞应标明尺寸、位置及标高。

（6）施工说明，即所用材料的强度等级、防潮层做法、设计依据及施工注意事项等。

（7）采用深基础或复合地基的工程应单独绘制桩位平面图。

4.1.2　基础详图

4.1.2.1　基础详图的形成

基础详图是对基顶以下部分用铅垂剖切平面切开基础所得到的断面图。被剖切到的部分的轮廓线用粗实线绘制，剖切面没有切到、但沿投射方向可以看到的部分，用中实线绘制。

基础剖面图详细表示基础的位置、形状、尺寸、与轴线的关系、基础标高、材料及其他构造做法，不同做法的基础都应画出详图。

4.1.2.2　基础详图的主要内容

（1）图名编号应与基础平面图相一致。

（2）比例一般采用 1∶10、1∶20、1∶50 等较大比例，以便清楚、详细地表示基础的形状、尺寸、轴线、标高、材料等施工需要明确的内容。

（3）与剖切面相接触的基础轮廓线和钢筋用粗实线，其他可见的轮廓线用中实线。

（4）详图中应注写基础的轴线及编号（若为通用剖面图，则不标注）、室外标高及基础底部标高。

（5）尺寸标注，应注明基础的细部尺寸，还应注明基础的总宽度。

（6）钢筋混凝土基础应标注钢筋直径、间距及钢筋编号。现浇基础还应标注预留插筋、搭接长度与位置、箍筋加密等。

（7）用文字说明基础防潮层的做法及管沟的做法。

（8）基础墙及垫层应选择适当图例填充。

4.1.3　基础设计说明

设计说明一般是说明难以用图示表达的内容和易用文字表达的内容，如材料的质量要求、施工注意事项等，由设计人员根据具体情况编写。一般包括以下内容。

（1）对地基土质情况提出注意事项和有关要求，概述地基承载力、地下水位和持力层土质情况。

（2）地基处理措施，并说明注意事项和质量要求。

（3）对施工方面提出验槽、钎探等事项的设计要求。

（4）垫层、砌体、混凝土、钢筋等所用材料的质量要求。

（5）防潮（防水）层的位置、做法，构造柱的截面尺寸、材料、构造，混凝土保护层厚度等。

4.2 基础施工图的识读方法

在阅读基础施工图之前，一般应详细阅读《岩土工程详细勘察报告》。根据勘察报告中的勘探点平面布置图，查阅地质剖面图，了解拟建场地标高、土层分布及各层土物理力学性质指标参数、地下水位、持力层选择。

基础施工图的识读方法包括以下几点。

（1）阅读基础设计说明，了解基础所用材料、地基承载力及施工要求等。

（2）检查基础平面图与建筑平面图的定位轴线及尺寸标注是否一致，以及基础平面图与基础详图是否一致。

（3）看基础平面图要注意基础平面布置与内部尺寸关系，检查基础梁、柱等构件的布置，以及预留洞的位置及尺寸等。

（4）看基础详图要注意竖向尺寸关系，基础的形状、做法与详细尺寸，钢筋的直径、间距与位置，以及地圈梁、防潮层的位置、做法等。

（5）沉降观测点的布置、做法与观测要求。

4.3 基础施工图的平面整体表示方法

4.3.1 独立基础

4.3.1.1 一般规定

（1）为使图样与上部结构对应，当绘制独立基础平面图时，应将独立基础平面与基础所支承的柱一起绘制。当设置基础联系梁时，可根据图面的疏密情况，将基础联系梁与基础平面布置图一起绘制，或将基础联系梁布置图单独绘制。

（2）在独立基础平面布置图上应标注基础定位尺寸；当独立基础的柱中心线或杯口中心线与建筑轴线不重合时，应标注其定位尺寸。编号相同且定位尺寸相同的基础，可仅选择一个。

4.3.1.2 独立基础编号

各种独立基础编号应按表4.1规定编号。

表 4.1　独立基础编号

类型	基础底板截面形状	代号	序号
普通独立基础	阶形	DJ$_J$	× ×
	坡形	DJ$_P$	× ×
杯口独立基础	阶形	BJ$_J$	× ×
	坡形	BJ$_P$	× ×

4.3.1.3　独立基础的平面注写方式

独立基础的平面注写方式分为集中标注和原位标注 2 个部分。

（1）集中标注。在基础平面图上集中标注的内容包括必注内容和选注内容。必注内容包括基础编号、截面竖向尺寸及配筋；选注内容包括基础底面标高（与基础底面基准标高不同时）和必要的文字注解。

素混凝土普通独立基础的集中标注，除无基础配筋内容外均与钢筋混凝土普通独立基础相同。

对独立基础集中标注的具体内容规定如下。

1）注写独立基础编号（必注内容）。根据独立基础底板的截面形状通常分为 2 种情况：阶形截面编号加下标"J"，如 DJJ × ×、BJ$_J$ × ×；坡形截面编号加下标"P"，如 DJ$_P$ × ×、BJ$_P$ × ×。

2）注写独立基础截面竖向尺寸（必注内容）。下面以普通独立基础为例进行说明。

当基础为阶形截面时，注写 $h_1/h_2\cdots$，各阶尺寸自下而上用"/"分隔顺写，如图 4.1 所示。如阶形截面普通独立基础 DJ$_J$ × × 的竖向尺寸注写为 400/300/300 时，表示 $h_1 = 400$ mm、$h_2 = 300$ mm、$h_3 = 300$ mm，基础底板总厚度为 1000 mm。

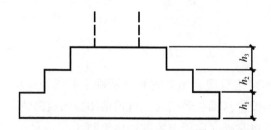

图 4.1　阶形截面普通独立基础竖向尺寸示意

当基础为单阶时，其竖向尺寸仅为一个，且为基础总厚度。

当基础为坡形截面时，注写 h_1/h_2，如图 4.2 所示。如阶形截面普通独立基础 DJ$_P$ × × 的竖向尺寸注写为 350/300 时，表示 $h_1 = 350$ mm、$h_2 = 300$ mm，基础底板总厚度为 650 mm。

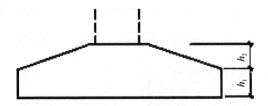

图 4.2　坡形截面普通独立基础竖向尺寸示意

3）注写独立基础配筋（必注内容）。注写独立基础底板配筋。普通独立基础底部双向配筋注写：以 B 代表各种独立基础底板配筋；x 向配筋以 x 打头、y 向配筋以 y 打头注写；当两向配筋相同时，则以 x & y 打头注写。

例如，独立基础底板底部双向配筋标注为 B：x Φ 16@150；y Φ 16@200。表示基础底板底部配置 HRB335 级钢筋，x 向钢筋直径为 Φ 16 mm，间距为 150 mm，y 向钢筋直径为 Φ 16 mm，间距为 200 mm，如图 4.3 所示。

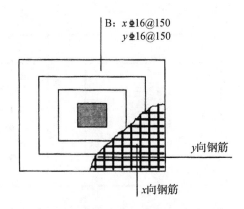

图 4.3　独立基础底板底部双向配筋示意

4）注写基础底面标高（选注内容）。当独立基础的底面标高与基础底面基准标高不同时，应将独立基础的底面标高直接注写在"（）"内。

5）必要的文字注解（选注内容）。当独立基础的设计有特殊要求时，宜增加必要的文字注解。例如，基础底板配筋长度是否采用减短方式等，可在该项内注明。

（2）原位标注。钢筋混凝土和素混凝土独立基础的原位标注，是在基础平面布置图上标注独立基础的平面尺寸。对相同编号的基础，可选择一个进行原位标注；当平面图形较小时，可将所选定进行原位标注的基础按比例适当放大；其他相同编号仅注编号。

以普通独立基础为例，原位标注 x、y、x_c、y_c、x_i、y_i（i = 1，2，3，…）。其中，x、y 为普通独立基础两向边长；x_c、y_c 为柱截面尺寸；x_i、y_i 为阶宽或坡形平面尺寸。

对称阶形截面普通独立基础的原位标注如图 4.4 所示；非对称阶形截面普通独立基础的原位标注如图 4.5 所示。

对称坡形截面普通独立基础的原位标注如图 4.6 所示；非对称坡形截面普通独立基础的

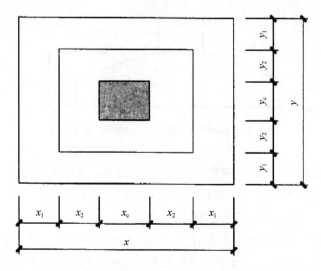

图 4.4　对称阶形截面普通独立基础原位标注示意

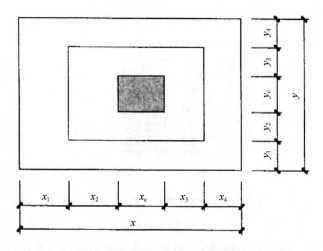

图 4.5　非对称阶形截面普通独立基础原位标注示意

原位标注如图 4.7 所示。

（3）独立基础的平面注写方式。普通独立基础采用平面注写方式的集中标注和原位标注综合表达如图 4.8 所示；双柱独立基础顶部配筋的标注如图 4.9 所示。

（4）多柱独立基础的平面注写。多柱独立基础的编号、几何尺寸和配筋的标注方法与单独独立基础相同。当为双柱独立基础且柱距较小时，通常仅配置基础底部钢筋；当柱距较大时，除基础底部配筋外，还需在两柱间配置基础顶部钢筋或设置基础梁；当为四柱独立基础时，通常可设置两道平行的基础梁，需要时可在两道基础梁之间配置基础顶部钢筋。

1）注写双柱独立基础底板顶部配筋。双柱独立基础的顶部配筋通常对称分布在双柱中心线两侧，注写为："T：双柱间纵向受力钢筋/分布钢筋"。当纵向受力钢筋在基础底板顶面非满布时，应注明其总根数。例如，T：11 Φ 18@ 100/ϕ10@ 200（非满布），表示独立基

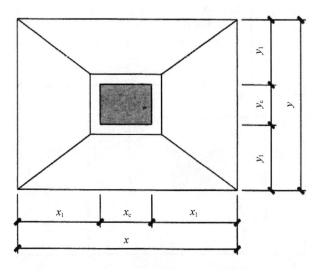

图4.6　对称坡形截面普通独立基础原位标注示意

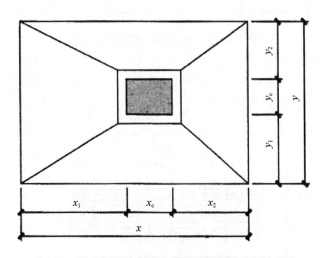

图4.7　非对称坡形截面普通独立基础原位标注示意

础顶部配置HR 400级纵向受力钢筋，直径为Φ18 mm，间距100 mm，设置11根；分布筋为HR 300级，直径为ϕ10 mm，间距200 mm，如图4.9所示。

2）注写双柱独立基础的基础梁配筋。当双柱独立基础为基础底板与基础梁相结合时，注写基础梁的编号、几何尺寸和配筋。如JL$_{XX}$（1）表示该基础梁为1跨，两端无外伸；JL$_{XX}$（1A）表示该基础梁为1跨，一端有外伸；JL$_{XX}$（1B）表示该基础梁为1跨，两端均有外伸。

通常情况下，双柱独立基础宜采用端部有外伸的基础梁，基础底板则采用受力明确、构造简单的单向受力筋与分布筋。基础梁宽度宜比柱截面宽出不小于100 mm（每边不小于50 mm）。基础梁的注写规定与条形基础的基础梁规定相同。

3）注写双柱独立基础的底板配筋。双柱独立基础的底板配筋的注写可以按条形基础底

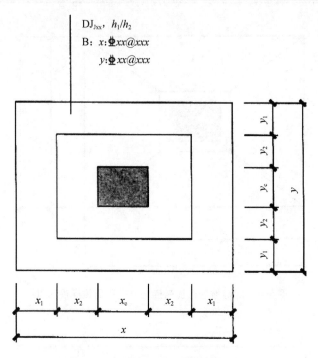

图 4.8　普通独立基础平面注写示意

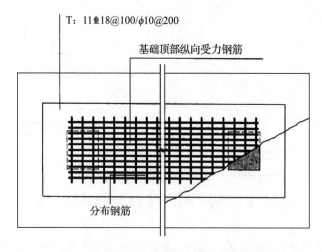

图 4.9　双柱独立基础顶部配筋标注示意

板的规定注写，也可以按独立基础底板的规定注写。

　　采用平面注写方式表达的独立基础设计施工图如图 4.10 所示。

4.3.1.4　独立基础的截面注写方式

　　独立基础的截面注写方式可分为截面标注和列表注写 2 种。

　　采用截面标注方式，应在基础平面布置图上对所有基础进行编号。对单个基础进行截面标注的内容和形式与传统"单构件正投影表示方法"基本相同。对于已在基础平面布置图

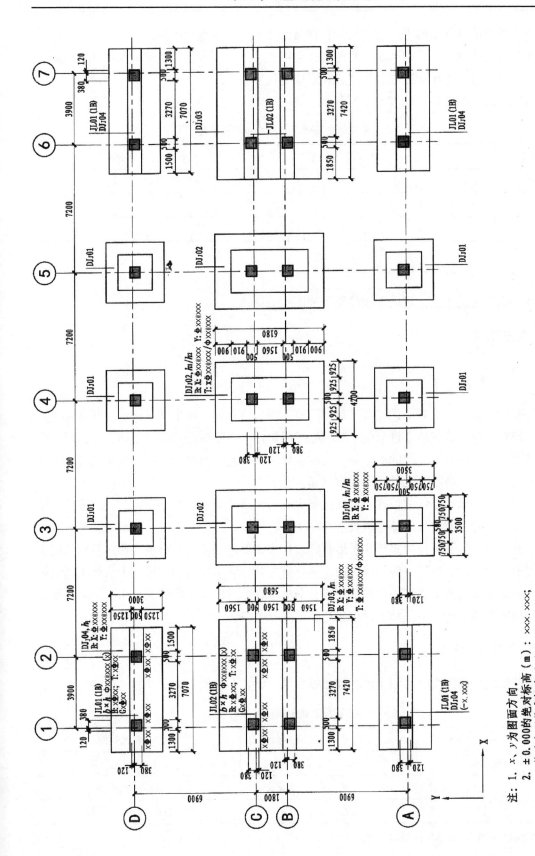

图 4.10　独立基础设计施工图的平面注写示意

注：1. x、y 为图面方向.
　　2. ±0.000 的绝对标高（m）：×××.×××；
　　　　基础底面基准标高（m）：-×.×××.

上原位标注清楚的该基础的平面几何尺寸，在截面图上可不再重复标注。

对多个同类基础，可采用列表注写的方式集中表达。表中内容为基础截面的几何数据和配筋等。截面示意图上应标注与表中栏目相对应的代号。

普通独立基础列表格式如表4.2所示。

表4.2　普通独立基础几何尺寸和配筋示意

基础编号/ 截面号	截面几何尺寸				底部配筋	
	x、y	x_c、y_c	x_i、y_i	$h_1/h_2/\cdots\cdots$	X 向	Y 向

4.3.1.5　柱下钢筋混凝土独立基础识图实例

某柱下钢筋混凝土独立基础平法施工图如图4.11所示。

4.3.2　条形基础

4.3.2.1　一般规定

条形基础平法施工图有平面注写与截面注写2种表达方式，可根据具体工程情况选择其中一种，或将2种方式相结合进行条形基础施工图设计。当绘制条形基础平面布置图时，应将条形基础平面与基础所支撑的上标结构的柱、墙一起绘制。当基础底面标高不同时，需注明与基础底面基准标高不同之处的范围和标高。

当梁板式基础梁中心线或板式条形基础板中心与建筑物定位轴线不重合时，应标注其定位尺寸；对于编号相同的条形基础可仅选择一个进行标注。

条形基础从整体上可分为梁板式条形基础和板式条形基础两类。梁板式条形基础适用于钢筋混凝土框架结构、框架—剪力墙结构、部分框支剪力墙结构和钢结构；平法施工图将梁板式条形基础分解为基础梁和条形基础底板分别进行表达。板式条形基础适用于钢筋混凝土剪力墙结构和砌体结构；平法施工图仅表达条形基础底板。

4.3.2.2　条形基础编号

条形基础编号分为基础梁和条形基础底板编号，如表4.3所示。

表4.3　基础梁及条形基础底板编号

类型		代号	序号	跨数及有无外伸
基础梁		JL	××	（××）端部无外伸
条形基础底板	坡形	TJBP	××	（××A）一端有外伸
	阶形	TJBJ	××	（××B）两端有外伸

注：条形基础通常采用坡形截面或单阶形截面。

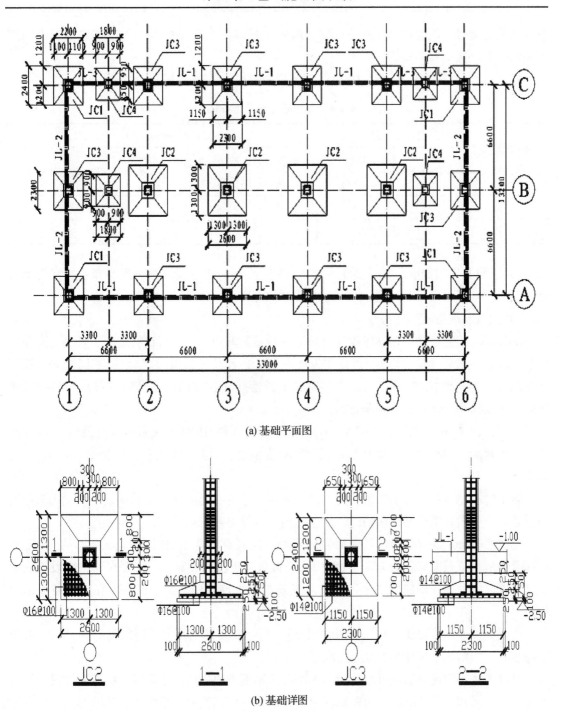

(a) 基础平面图

(b) 基础详图

图 4.11 某柱下钢筋混凝土独立基础平法施工示意

4.3.2.3 基础梁的平面注写方式

基础梁的平面注写方式分为集中标注和原位标注 2 个部分。

（1）基础梁的集中标注。基础梁的集中标注内容包括必注内容和选注内容。必注内容包括基础梁编号、截面尺寸及配筋；选注内容包括基础梁底面标高（与基础底面基准标高不同时）和必要的文字注解。

1）注写基础梁编号（必注内容）。基础梁列表格式见表4.4。

表 4.4　基础梁几何尺寸和配筋

基础梁编号/ 截面号	截面几何尺寸		配筋	
	$b \times h$	加腋 $c_1 \times c_2$	底部贯通纵筋 + 非贯通 纵筋顶部贯通纵筋	第 1 种箍筋/第 2 种箍筋

2）注写基础梁截面尺寸（必注内容）。注写 $b \times h$，表示梁截面宽度与高度。当为加腋时，用 $b \times h$　$Y_{c_1} \times c_2$ 表示，其中 c_1 为腋长，c_2 为腋高。

3）注写基础梁配筋（必注内容）。

①注写基础梁箍筋。当具体设计仅采用一种箍筋间距时，注写钢筋级别、直径、间距与肢数（箍筋肢数写在括号内）。当具体设计采用 2 种箍筋时，用"/"分隔不同箍筋，按照从基础梁两端向跨中的顺序注写。在注写第 1 段箍筋（在前面加注箍筋道数）的斜线后再注写第 2 段箍筋（不再加注箍筋道数）。

例如，10 Φ 16@ 100/Φ 16@ 200（6），表示配置 2 种 HRB400 级箍筋，直径均为 16 mm，从基础梁两端起向跨内按间距 100 mm 设置 10 道箍筋，梁其余部位的间距为 200 mm，均为 6 肢箍。

施工时应注意：两向基础梁相交的柱下区域，应有一向截面较高的基础梁按梁端箍筋贯通设置；当两向基础梁高度相同时，任选一向基础梁箍筋贯通。

②注写基础梁底部、顶部及侧面纵向钢筋。梁底部贯通纵筋以 B 打头，且不应少于梁底部受力钢筋总截面面积的1/3。当跨中所注根数少于箍筋肢数时，需要在跨中增设梁底部架立筋以固定箍筋，用加号"+"将贯通纵筋与架立筋相联，架立筋注写在加号后面的括号内。

梁顶部贯通纵筋以 T 打头，注写时用分号"；"将底部与顶部贯通纵筋分隔开，如有个别跨与其不同则按原位注写的规定处理。

基础梁底部贯通纵筋，可在跨中1/3净跨长度范围内采用搭接连接、机械连接或焊接的方法。基础梁顶部贯通纵筋，可在距柱根1/4净跨长度范围内采用搭接连接的方法，或在柱根附近采用机械连接或焊接的方法，且应严格控制接头百分率。

当梁底部或顶部贯通纵筋多于一排时，用"/"将各排纵筋自上而下分开。

例如，B：4 Φ 25；T：12 Φ 25 7/5，表示梁底部配置贯通纵筋为 4 Φ 25；梁顶部配置贯通纵筋上一排为 7 Φ 25，下一排为 5 Φ 25，共 12 Φ 25。

③注写以 G 打头的梁两侧面对称设置的纵向构造钢筋的总配筋值。当梁腹板净高 h_w 不小于 450 mm 时，根据需要配置。

例如，G8Φ14，表示梁每个侧面配置的纵向构造钢筋为 4Φ14，共配置 8Φ14。

4）注写基础梁底面标高（选注内容）。当条形基础的底面标高与基础底面基准标高不同时，应将条形基础的底面标高注写在"（）"内。

5）必要的文字注解（选注内容）。当对基础梁的设计有特殊要求时，宜增加必要的文字注解。

（2）基础梁的原位标注。

1）原位标注基础梁端或梁在柱下区域的底部全部纵筋（包括底部非贯通纵筋和已集中注写的底部贯通纵筋）。

当梁端或梁在柱下区域的底部纵筋多于一排时，用"/"将各排纵筋自上而下分开；当同排纵筋有 2 种直径时，用加号"+"将 2 种直径的纵筋相联。

当梁中间支座或梁在柱下区域两边的底部纵筋配置不同时，需在支座两边分别标注；当梁中间支座两边的底部纵筋相同时，可仅在支座的一边标注。

当梁端（柱下）区域的底部全部纵筋与集中注写过的底部贯通纵筋相同时，可不再重复进行原位标注。

2）原位标注基础梁的附近箍筋或（反扣）吊筋。当两向基础梁十字交叉，单交叉位置无柱时，应根据抗力需要设置附近箍筋或（反扣）吊筋。将附近箍筋或（反扣）吊筋直接画在平面图十字交叉梁中刚度较大的条形基础主梁上，原位直接引注总配筋值（附加箍筋的肢数注在括号内）。当多数附近箍筋或（反扣）吊筋相同时，可在条形基础平法施工图上统一注明。少数与统一注明值不同时，再原位直接引注。

3）原位注写基础梁外伸部位的变截面高度尺寸。当基础梁外伸部位采用变截面高度时，在该部位原位注写 $b \times h_1/h_2$，h_1 为根部截面高度，h_2 为尽端截面高度。

4）原位注写修正内容。当在基础梁上集中标注的某项内容，如截面尺寸、箍筋、底部与顶部贯通纵筋或架立筋、梁侧面纵向构造钢筋、梁底面标高等，不适用于某跨或某外伸部位时，将其修正内容原位标注在该跨或该外伸部位，施工时原位标注取值优先。

当在多跨基础梁的集中标注中注明加腋，而该梁某跨根部不需要加腋时，则应在该跨原位标注无 $Y_{c1 \times c2}$ 的 $b \times h$，以修正集中标注中的加腋要求。

4.3.2.4　条形基础底板的平面注写方式

条形基础底板的平面标写方式分为集中标注和原位标注 2 种。

（1）条形基础底板的集中标注。必注内容包括条形基础编号、截面竖向尺寸及配筋；选注内容包括条形基础底板底面标高（与基础底面基准标高不同时）和必要的文字注解。

对条形基础底板集中标注的具体内容规定如下。

1）注写条形基础底板编号（必注内容）。按表 4.3 规定编号。

根据条形基础底板的截面形状通常分为 2 种情况：阶形截面编号加下标"J"，如 TJB$_J$ ×× （××）；坡形截面编号加下标"P"，如 TJB$_P$ ×× （××）。

2）注写条形基础底板截面竖向尺寸（必注内容）。当条形基础底板为坡形截面时，注写 $h_1/h_2 \cdots$，如图 4.12 所示。如条形基础底板为坡形截面 TJB$_P$ ××，其截面竖向尺寸注写为 300/250 时，表示 $h_1 = 300$ mm、$h_2 = 250$ mm，基础底板根部总厚度为 550 mm。

条形基础底板为阶形截面的标注，如图 4.13 所示。

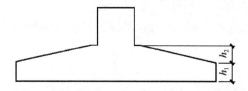

图 4.12　条形基础底板坡形截面竖向尺寸

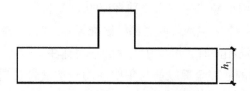

图 4.13　条形基础底板阶形截面竖向尺寸

条形基础当为多阶形截面时，各阶尺寸自下而上以"/"分隔顺写。

3）注写条形基础底板底部及顶部配筋（必注内容）。以 B 打头，注写条形基础底板底部的横向受力钢筋；以 T 打头，注写条形基础底板顶部的横向受力钢筋。注写时，用"/"分隔条形基础底板的横向受力钢筋与构造钢筋。例如，条形基础底板配筋标注为 B：$\Phi 14@$ 150/$\phi 8@250$，表示条形基础底板配置 HRB400 级横向受力钢筋，直径为 $\Phi 14$，间距为 150 mm；配置 HPB300 级构造钢筋，直径为 $\phi 8$，间距为 250 mm。

（2）条形基础底板原位标注。条形基础底板的平面尺寸，原位标注 b、b_i，$i = 1$，2，…。其中，b 为基础底板总宽度，bi 为基础底板台阶的宽度。当基础底板采用对称于基础梁的坡形截面或单阶形截面时，bi 可不注，如图 4.14 所示。

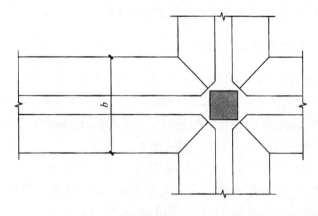

图 4.14　条形基础底板平面尺寸原位标注示意

对于相同编号的条形基础底板，可仅选择一个进行标注。

当在条形基础底板上集中标注的某项内容，如底板截面竖向尺寸、底板配底板底面标高等，不适用于条形基础底板的某跨或某外伸部分时，可将其修正内容原位标注在该跨或该外伸部位，施工时原位标注取值优先。

采用平面注写方式表达的条形基础设计施工图示意如图 4.15 所示。

4.3.2.5　条形基础的截面注写方式

独立基础的截面注写方式可分为截面标注和列表注写 2 种。当采用截面标注方式时，应在基础平面布置图上对所有条形基础进行编号。

对条形基础进行截面标注的内容和形式，与传统"单构件正投影表示方法"基本相同。对于已在基础平面布置图上原位标注清楚的该条形基础梁和底板的水平尺寸，在截面图上可不再重复标注。

对多个条形基础，可采用列表注写的方式集中表达。表中内容为条形基础截面的几何数据和配筋等。截面示意图上应标注与表中栏目相对应的代号。

当设计为 2 种箍筋时，箍筋注写为：第 1 种箍筋/第 2 种箍筋。第 1 种箍筋为梁端部箍筋，注写内容包括箍筋的箍数、钢筋级别、直径、间距与肢数。

条形基础底板列表格式如表 4.5 所示。

表 4.5　条形基础底板几何尺寸和配筋

基础底板编号/ 截面号	截面几何尺寸			底部配筋（B）	
	b	bi	$h1/h2$	横向受力钢筋	纵向受力钢筋

4.3.2.6　柱下钢筋混凝土条形基础识图实例

某柱下钢筋混凝土条形基础施工图如图 4.16 所示。

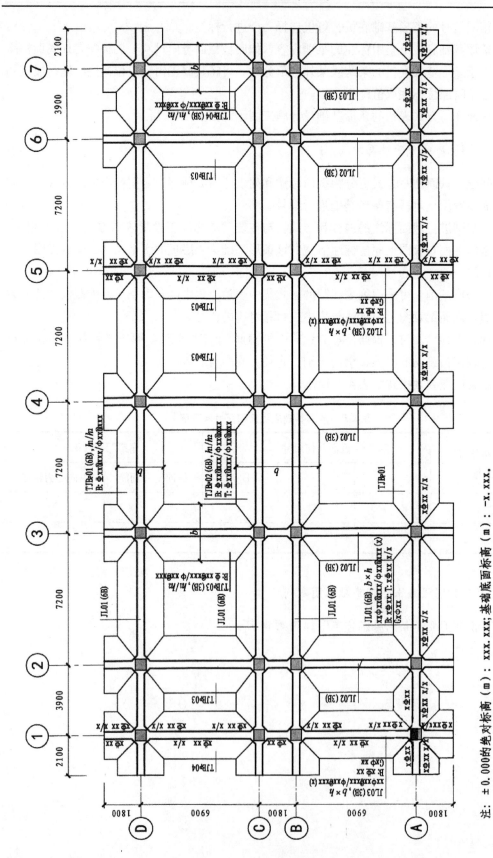

图 4.15　条形基础设计施工图的平面注写示意

注：±0.000 的绝对标高（m）：xxx.xxx；基础底面标高（m）：-x.xxx。

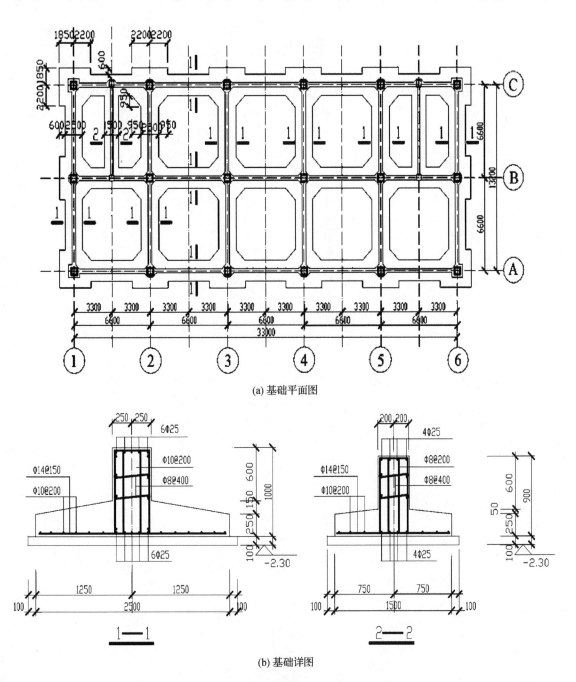

(a) 基础平面图

(b) 基础详图

图 4.16 某柱下钢筋混凝土条形基础施工示意

训 练 四

根据柱下钢筋混凝土独立基础和柱下钢筋混凝土条形基础施工图实例，进行识图训练。

参 考 文 献

［1］ 中华人民共和国建设部，中华人民共和国国家质量监督检验检疫总局. 岩土工程勘察规范：GB 50021—2001［S］. 北京：中国建筑出版社，2009.

［2］ 国家质量技术监督局，中华人民共和国建设部. 土工试验方法标准：GB/T 50123—1999［S］. 北京：中国计划出版社，2000.

［3］ 中华人民共和国住房和城乡建设部，中华人民共和国国家质量监督检验检疫总局. 建筑地基基础设计规范：GB 50007—2011［S］. 北京：中国建筑工业出版社，2011.

［4］ 中华人民共和国住房和城乡建设部. 建筑桩基技术规范：JGJ 94—2008［S］. 北京：中国建筑工业出版社，2008.

［5］ 中国建筑标准设计研究院. 混凝土结构施工图平面整体表示方法制图规则和构造详图：独立基础、条形基础、筏形基础及桩基承台：11G101—3［S］. 北京：中国计划出版社，2011.